将使用上的便利性与自己的独特个性结合

花草系手作布包

日本主妇与生活社　编著

辛熠　译

零钱包平常就装在包包里，

并不会太引人注目。

不过，正因为如此，

在设计上融入自己的风格，

才是使用零钱包的真正乐趣所在。

为自己制作一个零钱包，

思考称手程度、收纳能力及心仪的布样搭配，

精心设计每个内袋，用心缝制每个纽扣。

让它既能使用方便又独特，

就算有再多零钱包，您也只会珍视这一个，

仅仅拿在手上就能体会到幸福的滋味。

如此别具一格的零钱包，不试着做一个吗？

机械工业出版社
CHINA MACHINE PRESS

目 录

弹性口袋 ………………………… 4

收纳袋 …………………………… 6

手机包、相机包 ………………… 8

卡套 ……………………………… 9

扣环小袋 ………………………… 10

卡包 ……………………………… 11

弹片口金包 ……………………… 12

拼布水饺包与方糖包 …………… 13

三重奏口金包 …………………… 14

装饰包 …………………………… 15

滚圆小钱包 ……………………… 16

褶布小包 ………………………… 17

长筒型笔袋 ……………………… 17

扁平收纳包 ……………………… 20

圆形小包 ………………………… 21

抽褶小包 ………………………… 21

六面小袋 ………………………… 24

方块迷你袋 ……………………… 24

正四面体小布袋 ………………… 25

跑腿小钱包 ……………………… 28

大容量零钱包 …………………… 29

多层迷你钱夹 …………………… 29

自由印花图案钱包 ……………… 32

衬衫蛙嘴包 ……………………… 33

口红收纳袋 ……………………… 33

束口包 …………………………… 36

迷你束口包 ……………………… 37

花瓣束口包 ……………………… 37

多功能收纳包 …………………… 40

大容量旅行收纳袋 ……………… 41

口金拉链多功能包 …………………… 44

DIY 工具包 ………………………… 45

蝴蝶结小包 ………………………… 48

手账包 ……………………………… 49

便携式纸巾包 ……………………… 52

清洁包 ……………………………… 53

仪容包 ……………………………… 53

三角饭团包 ………………………… 56

拉链式水瓶包 ……………………… 57

弹片口金手机袋 …………………… 60

滑动式手机壳 ……………………… 61

固定式手机壳 ……………………… 61

可调节高度的笔袋 ………………… 64

手账笔袋 …………………………… 65

缝纫工具包 ………………………… 65

蝴蝶形包包 ………………………… 68

兔子小钱包 ………………………… 69

小鹿包包 …………………………… 69

三明治包 …………………………… 72

冰淇淋包 …………………………… 72

T 恤包 ……………………………… 73

栗子小钱包 ………………………… 76

优雅首饰包 ………………………… 77

彩蛋包 ……………………………… 77

—— 制作方法 ——

制作包包用的工具和配件 ………… 80

素材分类、缝纫方法一览表 ……… 81

弹性口袋的缝制方法 ……………… 82

收纳袋（大号）的缝制方法 ……… 84

扁平收纳包的缝制方法 …………… 88

引以为傲的小包

侧袋的褶皱是关键

弹性口袋

蛙嘴形零钱包，拿在手上大小正合适。
两侧的小袋可以用来放纸巾等，手感极佳。
前侧小袋的褶皱设计更添甜美之感。

设 计 者：平松千贺子（Chikako Hiramatsu）
成品尺寸：约高 13.5cm、宽 14cm、厚 3cm
制作方法：P.82~84

背面可以放置纸巾

背面

内部

底布图案是小波点。
拉链以立针缝的方式缝制。

黑色牛仔底布与字母图案相得益彰，
给人以成熟的印象。

内部 ╱

背面 ╱

大号

背面／

内部／

中号

超大容量

不同尺寸，搭配使用更便利

收纳袋

大袋子可以用来收纳袜子和睡衣，
小袋子可以用来收纳药品和糖果……
大、中、小号的组合收纳袋，是旅行的好帮手。
稍微改变一下布料搭配和接合方法，
快准备一套吧。

背面／

设 计 者：中野叶子（Yoko Nakano）
成品尺寸：大号　约高 17cm、宽 24cm、厚 6cm
　　　　　中号　约高 12.5cm、宽 17cm、厚 5cm
　　　　　小号　约高 9.5cm、宽 10cm、厚 4cm
制作方法：P.84~87

小 号

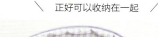

正好可以收纳在一起

背面／

侧面／

有这种小包就好了

同一纸样有横竖两种使用方法

手机包、相机包

横款可用于收纳手机，竖款可收纳数码相机。
可以解开提手带的一端，将其挂在手提包上，
可在必要时迅速掏出使用。
背面附有一个小袋，可以用来装耳机、SD 卡等小物件。

设 计 者：枝广美保（Miho Edahiro）

成品尺寸：手机包　约高 10cm、宽 16cm、厚 2cm
　　　　　相机包　约高 16cm、宽 10cm、厚 2cm

制作方法：P.89

变换一下布料，切换到清爽风格

背面／

蓝色小花图案适合夏天。上图中的竖款小包也可用于收纳手机。

对市场上在售的小包进行改造

卡套

有这种小包就好了

本款卡套是用店里贩卖的小包改造而成的。
把吊绳挂在包包的提手带上，卡套就不易丢失了，
还可以把零钱或钥匙装在里面哦！

| 设 计 者：中野叶子（Yoko Nakano） |
| 成品尺寸：约高12cm、宽11cm |
| 制作方法：P90 |

制作方法：P90

无窗款

口袋整体只使用布料，
开口处成弧形，使卡片
容易取出。

市售的小袋可以这样用

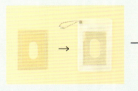

用剪刀裁剪塑料质地的卡套，
尽量剪得大一点儿。

塑料不能使用大头针固定，
可以用小夹子夹住。

有这种小包
就好了

珍视之物寸不离身
扣环小袋

带扣环的小袋，在腰间摇曳，潮流又时尚。
内侧附带大口袋和笔的收纳口，
使用起来很便利。
大的盖子也是设计亮点之一。

设 计 者：岸千荣子（Chieko Kishi）
成品尺寸：大号　约高 19cm、宽 15.5cm
　　　　　小号　约高 16cm、宽 12.5cm
制作方法：P.91

＼　儿童用便携小袋　／

内部 ／

背面 ／

三段式分层设计，银行卡等均可收纳其中。

打开卡包，共有三个竖向的塑料透明口袋。

卡片、小票等一目了然

卡包

超大容量

可以将银行卡、小票等收纳于一体。
塑料质地的"可视袋"实用且便利。
选用时尚个性的布料，能给每天的工作与生活增添不少乐趣。

设 计 者：长谷川久美子（Kumiko Hasegawa）
成品尺寸（打开状态）：约高18cm、宽33cm
制作方法：P92

背面

内部

引以为傲的小包

柔和的褶儿很可爱

弹片口金包

这个小包安装了弹片口金，将其左右两边按向中间，就能打开小包。
采用复古、轻便式的设计，
将口金与褶皱组合，为底部也做出褶皱感，
最后让内部鼓起来，这个小包就做好了。

设 计 者：**中野叶子（Yoko Nakano）**

成品尺寸：约高 14cm、宽 18cm

制作方法：P.93

换一种布料，夏款变冬款

Lesson ❶ 弹片口金的安装方法

01	02	03	04	05

01 准备好弹片口金，包含口金铁片及螺钉。

02 完成小包的主体部分后（参照 P.93），如图所示，将弹片口金打开的一端穿入包口。

03 直至弹片口金从另一侧穿出。

04 如图所示，从上方穿螺钉，用钳子将其嵌入，使弹片口金打开的一端闭合。

05 完成。制作时应将小包的主体部分做得比弹片口金略宽，这样可自然形成褶皱。

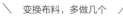
变换布料，多做几个

拼布水饺包使用了五
块同样尺寸的正方形
碎布：两个侧面各两
块，底部一块。

内部

手掌大小，胖乎乎的形状非常可爱　我的包包

拼布水饺包与方糖包

这两款迷你零钱包由多块小碎布拼接而成，制作简单，耗时很短。
这样的小包有几个都不嫌多，同时它们也是作为小礼物的最佳选择。
自然风格的印花彰显优雅气质。

设 计 者：平松千贺子（Chikako Hiramatsu）
成品尺寸：右包　约高 6cm、宽 6cm、厚 6cm
　　　　　　左包　约高 5.5cm、宽 5.5cm、厚 5.5cm
制作方法：P.94

Lesson ❷　方糖包的折法

用如图所示的方法
折叠方糖包的侧面，
并将表布与里布缝
在一起。顺着折叠
位置折出折痕，这
样就不容易出错了。

表布（正面）
里布（正面）

13

引以为傲的小包

"啪"地一下打开，很有意思

三重奏口金包

口金包整体呈圆筒形，将包口打开时，
"啪"的一声，声音清脆，且包内物品一览无余。
三个包的制作方法相同，只是大小不同。
您可以根据需求制作不同尺寸的同款口金包。

设 计 者：平松千贺子（Chikako Hiramatsu）

成品尺寸：大号　约高 9cm、宽 14.5cm、厚 9cm
　　　　　中号　约高 7cm、宽 12cm、厚 7cm
　　　　　小号　约高 5cm、宽 7.5cm、厚 5cm

制作方法：P.93

内部／

侧面／

Lesson ❸ 口金的安装方法

墙子

01 参照 P.93 做出包的主体部分。墙子的上部应平整光滑。

02 在口金的沟槽处涂一层薄薄的黏合剂。建议使用细嘴的黏合剂，操作会比较方便。

03 将口金和包口对齐，用锥子将包口边缘戳进口金沟槽内。将包侧面和墙子的相接部位收进口金角处的沟槽内。

04 将墙子戳进口金沟槽时，要将口金展开至最大，并注意避免墙子出现褶皱。

内部／

用收集的边角布制作而成

装饰包

我的包包

这是一款扁平状超迷你小包，
说它是小包，倒不如说它是小装饰品。
不过，因为它也有拉链，
用它装唇膏、眼药水、钥匙等小物件，似乎也很不错！

设 计 者：岸千荣子（Chieko Kishi）
成品尺寸：约高 9.5cm、宽 7cm
制作方法：P.95

05 把轻捻过的纸绳从包主体内侧装进口金沟槽中。建议使用口金专用塞布工具，操作会很方便。

06 用锥子将纸绳深深地戳进口金的角内。

07 将包口部分戳进口金沟槽内后，使包保持打开的状态，静置 0.5~1 天，晾干黏合剂。然后用钳子轻轻按压口金侧边。

08 如果黏合剂溢出，可以用湿毛巾将其轻轻擦去，擦完就大功告成了。

15

圆滚滚带褶儿的可爱小钱包

滚圆小钱包

折叠出褶子，使其由内部鼓起，营造立体感。
加一条 12cm 长的拉链，有助于突出小钱包圆乎乎的形态，
再适当地点缀些蕾丝花边来增加可爱度。

设 计 者：平松千贺子（Chikako Hiramatsu）
成品尺寸：约高 11cm、宽 12.5cm
制作方法：P.19

侧面

Lesson 4 褶子的折法

褶子是将布从斜
线上方向斜线下
方折叠而成的。
在原大纸样上，是
以直视布正面的
角度进行标记的。

↓

褶布给小包增加个性

褶布小包

拼接褶皱布的设计很新颖，
若使用打了褶儿的薄薄一层时尚印花布，
小包会更漂亮。
为了避免黏合衬上的胶水洇出，
熨烫时使用垫布是很关键的。

设 计 者：平松千贺子（Chikako Hiramatsu）
成品尺寸：约高 10cm、宽 12.5cm、厚 4cm
制作方法：P.18

蕾丝拉链是关键

长筒型笔袋

这是一款细长的笔袋，
放在包包里不会占太多空间，
它的设计亮点是使用方便并极具存在感的蕾丝拉链。
提前掌握将笔袋两端折成糖果形状的方法，
制作起来会更加便利。

设 计 者：太田真奈美（Ota Manami）
成品尺寸：约高 4cm、宽 16cm、厚 4cm
制作方法：P.19

侧面／

褶布小包

材料 前布a·花（15cm×25cm），前布b·前布c·后布（40cm×20cm），里布（25cm×30cm），
黏合衬（25cm×30cm），1cm宽的蕾丝花边（30cm），0.8cm宽的蕾丝花边（10cm），
花蕊（4根），16cm长的拉链（1根），标牌（1个）。

制作方法（单位：cm）

☆ 未注明缝份为1cm

1. 制作表袋和里袋

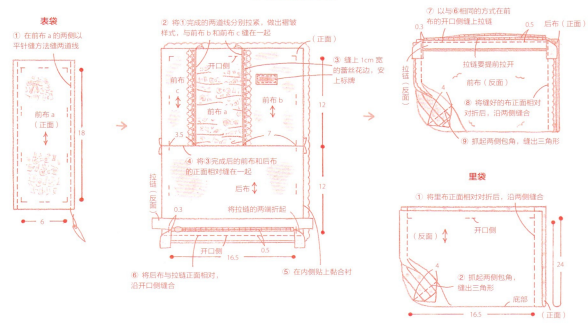

表袋

① 在前布a的两侧以平针缝方法缝两道线

前布a（正面）

18

6

② 将①完成的两道线分别拉紧，做出褶皱样式，与前布b和前布c缝在一起

开口侧
前布c
前布a
前布b
3.5
7

③ 缝上1cm宽的蕾丝花边，安上标牌

（正面）

④ 将③完成后的前布和后布的正面相对缝在一起

后布
将拉链的两端折起

拉链（反面）

0.3
16.5
0.5

开口侧

⑥ 将后布与拉链正面相对，沿开口侧缝合

⑤ 在内侧贴上黏合衬

⑦ 以与⑥相同的方式在前布的开口侧缝上拉链

0.3
0.5
后布（正面）

拉链要提前拉开

前布（反面）

4

⑧ 将缝好的布正面相对对折后，沿两侧缝合

⑨ 抓起两侧包角，缝出三角形

里袋

① 将里布正面相对对折后，沿两侧缝合

（反面）
开口侧

4

② 抓起两侧包角，缝出三角形

底部

16.5
24
（正面）

2. 收尾

花的原大纸样

花
（1朵）

无缝份

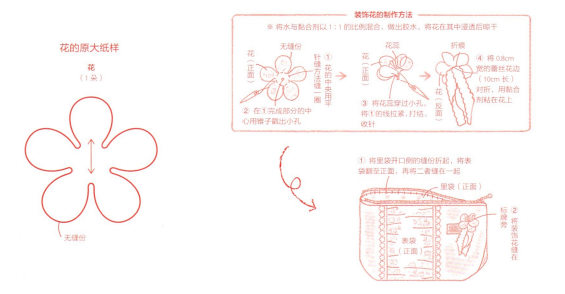

装饰花的制作方法

※ 将水与黏合剂以1:1的比例混合，做出胶水，将花在其中浸透后晾干

花（正面）
无缝份

① 花的中央用平针缝方法缝一圈

② 在①完成部分的中心用锥子戳出小孔

花蕊
花（正面）

③ 将花蕊穿过小孔，将①的线拉紧，打结，收针

花（反面）

折痕

④ 将0.8cm宽的蕾丝花边（10cm长）对折，用黏合剂粘在花上

① 将里袋开口侧的缝份折起，将表袋翻至正面，再将二者缝在一起

里袋（正面）

表袋（正面）

标牌

② 将装饰花缝在标牌旁

制作方法（单位：cm）

☆未注明缝份为1cm

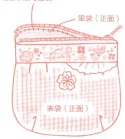

P.16 滚圆小钱包

[见原大纸样B面]

材料 表布（45cm×15cm），口布（20cm×15cm），里布（40cm×15cm），黏合衬（25cm×40cm），12cm长的拉链（1根），喜欢的蕾丝花边和装饰物。

1. 制作表袋和里袋

表袋

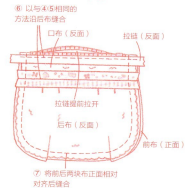

连接口布侧

② 将喜欢的装饰物
③ 装上喜欢的蕾丝花边暂时固定

前布（正面）

① 贴上黏合衬

② 折出褶子，并将其暂时固定

※ 后布也用①②的方法制作

⑥ 以与④⑤相同的方法沿后布缝合

口布（反面）

拉链（反面）

拉链提前拉开

后布（反面）

前布（正面）

⑦ 将前后两块布正面相对对齐后缝合

⑤ 将口布和拉链正面相对后，沿开口侧缝合

0.5   0.5

拉链（反面）

开口侧

口布（正面）

前布（正面）

④ 在口布的内侧贴上黏合衬，然后将其和前布正面相对缝在一起

里袋

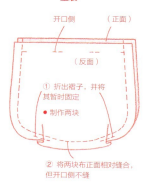

开口侧   （正面）

（反面）

① 折出褶子，并将其暂时固定

● 制作两块

② 将两块布正面相对缝合，但开口侧不缝

2. 收尾

将里袋开口侧的缝份折起，将表袋翻转至正面，缝合表袋与里袋

里袋（正面）

表袋（正面）

制作方法（单位：cm）

☆缝份为1cm

P.17 长筒型笔袋

材料 表布（25cm×25cm），里布（25cm×25cm），黏合衬（50cm×25cm），19cm长的拉链（一根）、皮标（1个）。

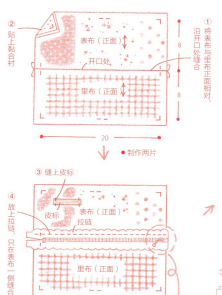

② 贴上黏合衬

开口处

表布（正面）

里布（正面）

① 沿开口处缝合
将表布与里布正面相对

8

8

20

● 制作两片

③ 缝上皮标

④ 放上拉链，只在表布一侧缝合

皮标

表布（正面）

拉链

里布（正面）

※ 另一片布也以④的方法缝拉链

0.5   0.5

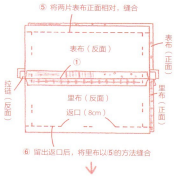

⑤ 将两片表布正面相对，缝合

表布（反面）

①

里布（反面）

返口（8cm）

拉链（反面）

表布（正面）

里布（正面）

⑥ 留出返口后，将里布以⑤的方法缝合

⑦ 将⑤和⑥的线迹对齐，如图所示，将布折叠后沿两侧缝合

里布（反面）

折痕

⑤ 表布（反面）

2

2

折痕   折痕

⑥ 4

※ 拉链要提前拉开

拉链（正面）

表袋（正面）

⑧ 翻转至正面后，缝合返口

清爽方便

扁平收纳包

这款小包适合收纳小型记事本等文具，
制作方法简单，易上手。
给前侧的小口袋也装上拉链，使其更实用。
使用弹性布料是其设计亮点之一。

设 计 者：久保寺阳子（**Yoko Kubodera**）

成品尺寸：约高 22cm、宽 21cm
制作方法：P.88

内部／

安有一圈拉链，便于打开
圆形小包

在包体周围安有一圈拉链，
便于把小包整个儿打开。
含有内袋，可以收纳缝纫工具等，非常实用。
背面使用了驼色羊绒布料，更添童趣。

设 计 者：茂住结花（Yuka Mozumi）
成品尺寸：直径约为12cm、厚约3cm
制作方法：P.23

内部

背面

丰满女人味
抽褶小包

拉链部分呈圆弧形，
底部中央有小小的抽褶，
营造出柔和的氛围。
拼接位置装饰有一个缎带蝴蝶结，
更能体现优雅美感。

设 计 者：久保寺阳子（Yoko Kubodera）
成品尺寸：约高17.5cm、宽21.5cm
制作方法：P.22

内部

Lesson ⑤
抽褶的缝法

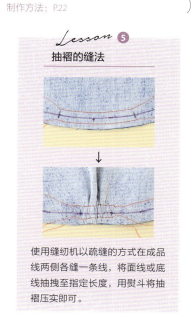

使用缝纫机以疏缝的方式在成品
线两侧各缝一条线，将面线或底
线抽拽至指定长度，用熨斗将抽
褶压实即可。

抽褶小包

[见原大纸样 A 面]

材料 表布（上布，30cm×30cm），表布（下布，35cm×35cm），里布（60cm×30cm），黏合衬（60cm×60cm），
21cm 长的拉链（1 根），1.5cm 宽的缎带（60cm），喜欢的流苏。

制作方法（单位：cm）

☆ 缝份为 1cm

1. 制作表布

前布

① 在上布、下布反面贴上黏合衬

③ 将上布、下布正面相对缝合边缘，使缝份倒向上布一侧

包口侧

上布（反面）

下布（反面）　0.7　0.3

② 在底部疏缝两条线，将线拉紧，缩至 2.5cm 后将抽褶临时固定

包口侧

前布（正面）

缎带（正面）

④ 把缎带叠起来缝

※ 后布以①~③的方法缝制（明线缝合）
（参考里袋制作方法的①）

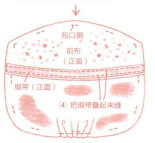

2. 制作表袋和里袋

表袋

① 将前布与拉链正面相对，缝合包口侧；翻转至正面后，明线缝合

0.5

0.5

折叠拉链末端

拉链（反面）

前布（正面）

② 后布也以①的方法缝制

拉链要提前拉开

③

前布（正面）

后布（反面）

将前布与后布正面相对缝合，修剪缝份

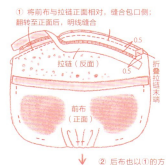

里袋

① 以表布①~③的方法缝合，再明线缝合

黏合衬

上布（正面）

下布（正面）

● 制作两片

② 将①完成的两片布正面相对缝合

（正面）

包口侧

③ 修剪缝份

④ 将包口侧的缝份折起

（反面）

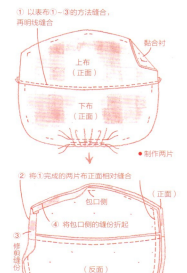

3. 收尾

蝴蝶结的制作方法

在中央位置用缎带（4cm）固定，用黏合剂粘好

如图所示将每段缎带折叠，用黏合剂粘好

前布

折痕

折痕

8

后布

折痕

5　折痕　18cm

缎带（正面，12cm）

1 层

缎带（正面）

叠好后在中央位置缝合

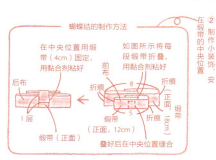

② 制作小装饰，安在缎带的中央位置

① 将表袋翻至正面后套在里袋外面，把里袋与拉链缝合

里袋（正面）

蝴蝶结

表袋（正面）

③ 在拉片上装上喜欢的流苏

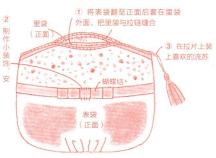

圆形小包

材料 羊毛布料（前侧面表布、下墙子表布，30cm×20cm），
羊毛布料（后侧面表布，20cm×20cm），上墙子表布
（40cm×10cm），里布·内口袋（50cm×30cm），黏合衬
（50cm×30cm），0.3cm 宽皮革带（10cm），30cm 长的拉链
（1根），花纹蕾丝布（2块），0.8cm 宽的蕾丝花边（15cm）。

制作方法（单位：cm）

☆ 未注明缝份为1cm

1. 制作内口袋

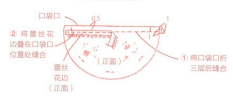

① 将口袋口折三层后缝合
② 将蕾丝花边叠在口袋口位置处缝合
蕾丝花边（正面）
口袋口
0.5
1
（正面）

2. 制作表袋

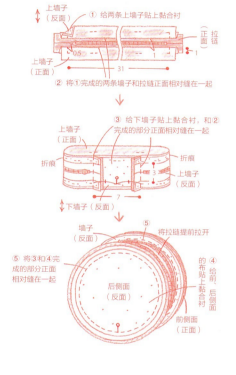

上墙子（反面）
① 给两条上墙子贴上黏合衬
拉链（正面）
上墙子（正面）
0.5   1   1
31
② 将①完成的两条墙子和拉链正面相对缝在一起

③ 给下墙子贴上黏合衬，和②完成的部分正面相对缝在一起
上墙子（正面）
折痕
上墙子（反面）
3
7
下墙子（反面）

⑤ 将③和④完成的部分正面相对缝在一起
墙子（反面）
将拉链提前拉开
后侧面（反面）
④ 给前、后侧面的布贴上黏合衬
前侧面（正面）

3. 制作里袋

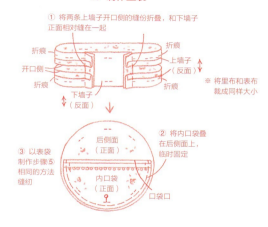

① 将两条上墙子开口侧的缝份折叠，和下墙子正面相对缝在一起
折痕
折痕
开口侧
上墙子（反面）
折痕
折痕
下墙子（反面）
※ 将里布和表布裁成同样大小

③ 以表袋制作步骤⑤相同的方法缝纫
② 将内口袋叠在后侧面上，临时固定
后侧面（正面）
内口袋（正面）
口袋口

4. 收尾

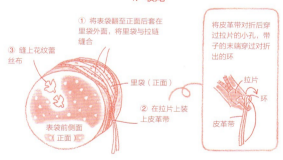

① 将表袋翻至正面后套在里袋外面，将里袋与拉链缝合
③ 缝上花纹蕾丝布
里袋（正面）
② 在拉片上装上皮革带
表袋前侧面（正面）

将皮革带对折后穿过拉片的小孔，带子的末端穿过对折出的环
拉片
环
皮革带

内口袋和侧面的原大纸样

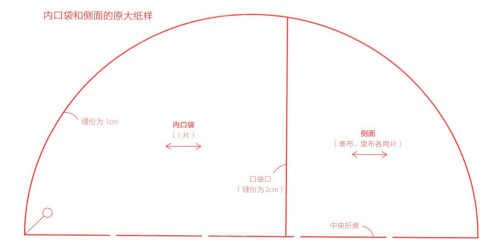

缝份为1cm
内口袋（1片）
侧面（表布、里布各两片）
口袋口（缝份为2cm）
中央折痕

一片片拼接而成
六面小袋

灵感来自于纸气球。

每一面都由表布和里布缝合而成，

将 6 片布缝合，制作成立体形状。

上下各开一个小孔，用不显眼的包扣来掩饰。

用其装饰包包也很可爱。

设 计 者：长谷川知美（Tomomi Hasegawa）

成品尺寸：约高 8cm、宽 9cm

制作方法：P.26

Lesson ❻ 包扣的制作方法

01

将缝份折入内侧，以平针缝方法缝制。

02

拉线。

03

将布抽成球形，将线打结并留在外面。

内部 ╱

棱角分明、胶合布料质地
方块迷你袋

形似骰子，设计独特。

棱角分明，胶合布料质地，形状立体。

不用处理缝份，省时省力。

将缝纫机压脚替换为特氟龙压脚，

针脚越长，缝出的效果越好。

设 计 者：渡边照美（Terumi Watanabe）

成品尺寸：右袋 约高 5cm、宽 5cm、厚 4cm

左袋 约高 4cm、宽 8cm、厚 3cm

制作方法：P.26

／内部

／背面

表布的拼接处正好构成三角形的
边，立体的形状也是亮点之一。

容量大得不可思议

正四面体小布袋

外形可爱，很有人气。
表布由细长的碎布拼接而成，
将其在中心线处剪开后垂直相接。
拉链左右的花纹不同，富有变化，趣味十足。

设 计 者：高桥理惠（Rie Takahashi）

成品尺寸：边长约为 10.5cm

制作方法：P.27

六面小袋

[原大纸样在 P.27 下方]

材料 表布（3 种，均为 30cm×20cm），里布（30cm×40cm），包扣布（15cm×10cm），黏合衬（30cm×40cm），软线（直径为 0.2cm，长 10cm），10cm 长的拉链（1 根）。

制作方法（单位：cm）

☆ 缝份为 0.7cm

1. 制作各部件

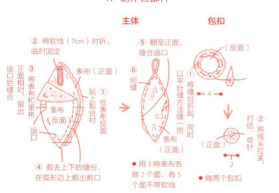

主体

② 将软线（7cm）对折，临时固定

③ 将表布和里布正面相对后缝合，留出返口

⑤ 翻至正面，缝合返口

⑥ 绗缝

① 在表布反面贴上黏合衬

表布（正面）

里布（反面）

0.3

表布（正面）

④ 剪去上下的缝份，在弧形边上剪出剪口

● 用 3 种表布各做 2 个面，有 5 个面不带软线

包扣

（反面）

① 以平针缝方法缝合一周，同时将缝份折起

② 将线头拉紧

打结，收针

（正面）

2

● 做两个包扣

2. 收尾

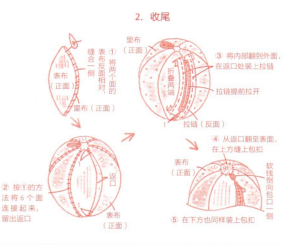

里布（正面）

① 将两个面的表布和里布正面相对，缝合一侧

缝合一侧

表布（正面）

里布（正面）

③ 将内部翻到外面，在返口处装上拉链

折叠两端

拉链提前拉开

拉链（反面）

② 按①的方法将 6 个面连接起来，留出返口

返口

表布（正面）

④ 从返口翻至表面，在上方缝上包扣

表布（正面）

软线倒向包扣一侧

⑤ 在下方也同样装上包扣

方块迷你袋（以正方体迷你袋为例）

材料 侧面胶合布（2 种，均为 12cm×12cm），上墙子胶合布（2 种，均为 15cm×10cm），下墙子胶合布（2 种，均为 15cm×10cm），胶合布（襻用，10cm×5cm），1cm 宽 D 字环（1 个），9cm 长的拉链（1 根），标牌（1 个）。

制作方法（单位：cm）

☆ 未注明缝份为 1cm

※ [ ] 内的尺寸是长方体迷你袋的

襻的做法

（反面）

0.5 将胶合布条折叠

0.5

4

（两款相同）无缝份

2（两款相同）

穿过 D 字环后对折

● 做 2 个（其中 1 个不带 D 字环）

折痕

（正面）

D 字环

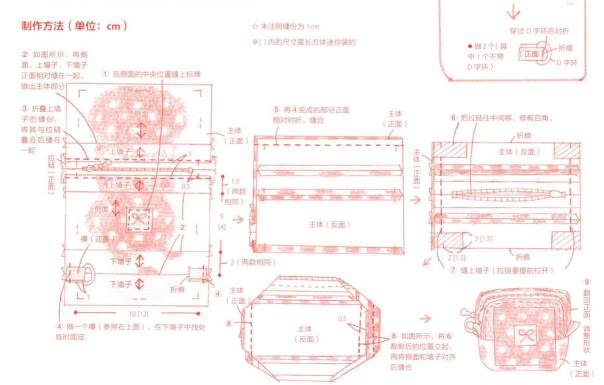

② 如图所示，将侧面、上墙子、下墙子正面相对缝在一起，做出主体部分

③ 折叠上墙子的缝份，将其与拉链叠合后缝在一起

① 在侧面的中央位置缝上标牌

侧面

上墙子

拉链（正面）

上墙子

0.5

侧面

襻（正面）

下墙子

④ 做一个襻（参照右上图），在下墙子中线处临时固定

下墙子

折痕

10 [12]

主体（正面）

1.5（两款相同）

5 [4]

2（两款相同）

⑤ 将④完成的部分正面相对对折，缝合

主体（正面）

主体（正面）

主体（反面）

⑥ 把拉链往中间移，修剪四角。

主体（反面）

折痕

2 [1.5]

2 [1.5]

折痕

⑦ 缝上墙子（拉链要提前拉开）

主体（正面）

主体（反面）

0.5

⑧ 如图所示，将⑥裁剪后的位置立起，再将侧面和墙子对齐后缝合

⑨ 翻回正面，调整形状

主体（正面）

26

P.25 正四面体小布袋

材料 拼接布，里布（25cm×15cm），黏合衬（25cm×15cm），1.2cm 宽的带子（5cm），9cm 长的拉链（1根）。

制作方法（单位：cm）

☆缝份为 1cm

1. 制作表袋和里袋

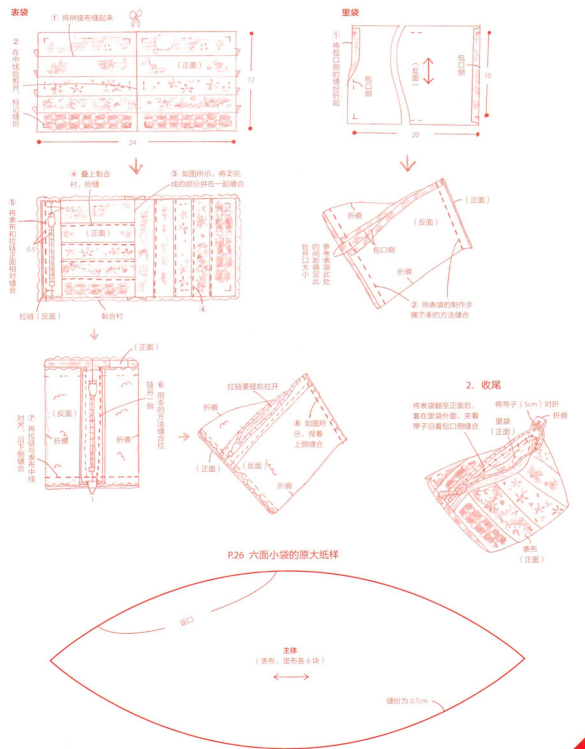

表袋

① 将拼接布缝起来

② 在中线处剪开，标记缝份

（正面）

12

24

里袋

① 将包口侧的缝份折起

包口侧

（反面）

包口侧

10

20

④ 叠上黏合衬，绗缝

0.5

③ 如图所示，将②完成的部分拼在一起缝合

⑤ 将表布和拉链正面相对缝合

0.5

（正面）

拉链（反面）

黏合衬

④

（正面）

（反面）

包口侧

折痕

折痕

参考表袋此处的间距确定此处

此处开口大小

② 用表袋的制作步骤⑦⑧的方法缝合

（正面）

链另一侧

⑥ 用⑤的方法缝合拉链

（反面）

折痕

折痕

⑦ 将拉链与表布中线对齐，沿下侧缝合

1

拉链要提前拉开

折痕

⑧ 如图所示，捏着上侧缝合

（正面）

（反面）

折痕

2. 收尾

将表袋翻至正面后，套在里袋外面，夹着带子沿着包口侧缝合

将带子（5cm）对折

折痕

里袋（正面）

表布（正面）

P.26 六面小袋的原大纸样

返口

主体
（表布、里袋各6块）

缝份为 0.7cm

让孩子爱不释手

跑腿小钱包

这个小包可以放硬币、票据、卡片等，
有多个收纳层，便于携带，
拜托小孩子帮忙跑腿时使用也很方便！
可以用带子挂在包包上，就不用怕会丢失了。

设 计 者：松田奈都代（Natsuyo Matsuda）
成品尺寸（打开状态）：约长 21cm、宽 11.5cm
制作方法：P.31

背面／

内部／

大开口，看得清

大容量零钱包

手掌大小，便于携带。
打开四合扣后，大容量的零钱空间可以完全打开。
从上方看去，可以把所有的硬币尽收眼底，
这样就不会因找零钱而手忙脚乱啦。

> 设 计 者：河原真由美（Mayumi Kawahara）
> 成品尺寸：约高 9cm、宽 11.5cm
> 制作方法：P.30

背面有 3 个小口袋，可以给
正中央的口袋装上拉链。

手掌大小，不会过于沉重

多层迷你钱夹

作为聚会用包，可以放入少量现金和卡片的
迷你小钱夹非常实用。
用蕾丝点缀，搭配雅致布料，
在正式场合，将它不经意地拿出来也十分吸睛。

> 设 计 者：平松千贺子（Chikako Hiramatsu）
> 成品尺寸：约高 10cm、宽 13cm
> 制作方法：P.30、P.31

小小的体积，还带有隔层，
使用起来才格外趁手。

大容量零钱包

[见原大纸样 A 面]

材料 表布 a・表布 c・墙子・前侧面・外口袋（30cm×25cm），表布 b（15cm×10cm），口袋盖表布（15cm×10cm），里布・拉链口袋布（65cm×30cm），黏合衬（40cm×30cm），3cm 宽的蕾丝花边（15cm），10cm 长的拉链（1根）、直径为1.3cm 的四合扣（1组），直径1cm 的四合扣（1组）。

制作方法（单位：cm）

☆ 缝份为 0.5cm

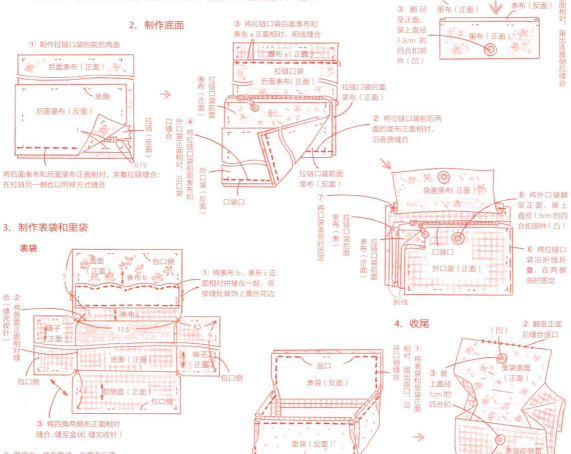

2. 制作底面

① 制作拉链口袋的前后两面

将后面表布和后面里布正面相对，夹着拉链缝合；在拉链另一侧也以同样方式缝合

3. 制作表袋和里袋

表袋

① 将表布 b，表布 c 正面相对拼接在一起，在接缝处装饰上蕾丝花边

② 将四角两侧布正面相对缝合，缝完收针

③ 将四角两侧布正面相对缝合，缝至盒状（缝完收针）

※ 里袋由一块布裁成，在里布反面贴上黏合衬，用3的方法缝制

1. 制作口袋盖

① 在表布上贴上黏合衬

② 将表布和里布正面相对，留出连接侧后缝合

③ 翻回至正面，装上直径1.3cm 的四合扣部件（凹）

① 制作拉链口袋的前后两面

① 将拉链口袋后面表布和表布 a 正面相对，明线缝合

② 将拉链口袋前后两面的里布正面相对，沿底侧缝合

③ 将拉链口袋和外口袋正面相对，沿口袋口缝合

④ 将外口袋正面相对，沿口袋口缝合

⑤ 将外口袋翻至正面，装上直径1.3cm 的四合扣部件（凸）

⑥ 将拉链口袋沿折线折叠，在两侧临时固定

⑦ 将口袋盖临时固定

4. 收尾

① 将表袋和里袋正面相对，沿开口侧缝合，留出返口

② 翻至正面，后缝合返口

③ 装上直径1cm 的四合扣

多层迷你钱夹

材料 表布 a（20cm×20cm），表布 b（20cm×15cm），里布（20cm×45cm），厚黏合衬（20cm×25cm），3.5cm 宽的薄纱蕾丝花边（15cm），12cm 长的拉链（1根），花纹蕾丝布（1块）。

制作方法（单位：cm）

☆ 缝份为 1cm

① 将薄纱蕾丝花边（13cm）以平针缝方法缝在表布 b 上

② 拉紧①的线，将蕾丝花边固定在表布 b 上

③ 如图所示，将表布对折，缝合两侧

④ 装饰花纹蕾丝布

1. 制作表袋

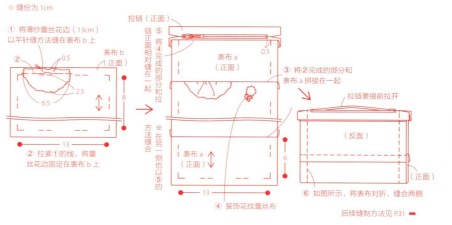

① 将④完成的部分和表布 a 拼接在一起

② 将④完成的部分和表布 a 拼接在一起

③ 将②完成的部分和表布 a 拼接在一起

⑤ 将④完成的部分和表布 a 拼接在一起

※ 在另一侧也以同样的方法缝制

拉链要提前拉开

⑥ 如图所示，将表布对折，缝合两侧

后续缝制方法见 P.31 ➡

制作方法（单位：cm）

☆ 无缝份

1. 制作各部件

口袋 A

③ 对折后明线缝合
口袋口（正面）
① 贴上黏合衬
② 装上磁扣部件

口袋 B

① 上下口袋按口袋A①③的方法处理
下口袋（正面）
口袋口
上口袋（正面）
② 和1完成的部分叠在一起缝合
5

材料（黄色款） 外面·口袋 A·口袋 C（40cm×25cm），口袋 B 上（20cm×20cm），口袋 B 下·口袋 D（30cm×30cm），内面（15cm×25cm），黏合衬（80cm×25cm），1cm 宽的带子（55cm），1.6cm 宽的两折包边条（65cm），直径为 1.4cm 的磁扣（1 组），1cm 宽的 D 字环（1 个），1cm 宽的挂钩（1 个），10cm 长的拉链（1 根），皮标（1 个）。

包带、襻

将带子（46cm）穿过挂钩，对折后缝合
带子（正面）
折痕
挂钩
1
※ 以相同方法用带子做一个襻（不带挂钩）

拉链口袋

② 装上磁扣部件
③ 向反面对折
连接侧（凹）
（凸）
口袋 C（正面）
① 给口袋 C 贴上黏合衬

口袋 D（正面）
连接侧
④ 将口袋 D 以①③的方法处理
⑤ 将口袋 D 和拉链叠在一起缝合
口袋 C（正面）
拉链
口袋 D
1.3 0.5
剪去多出的部分

口袋口 口袋 D（正面）
口袋 C（正面）
口袋 D（正面）
⑥ 将⑤完成的部分对折后暂时固定

2. 收尾

口袋 C
0.5
口袋 B（正面）
口袋 A（正面）
包带
口袋 C
① 给内面贴上黏合衬
② 将各层口袋、包带和1完成的部分叠好后沿四周缝合
内面（正面）
拉链口袋（正面）

内面（反面）
④ 将②和③完成的部分反面相对，中线缝合
皮标
襻
0.5
折痕
③
④
⑤ 给外面贴上黏合衬，缝上皮标和襻
缝上皮标和襻，沿四周和中线缝合
外面（正面）
0.7

包边条（反面）
重叠（0.5cm）
包边条
⑤ 将外面和包边条正面相对，在包边条中线处缝合
外面（正面）
0.8

⑥ 用包边条裹住布边，缝合
内面（正面）
⑦ 将襻从 D 字环中穿过，然后将带子翻折后与之缝在一起

0.3
折痕
内面（正面）
包带
将包带翻折后缝合
0.3
内面（正面）
襻
折痕
D 字环
将襻穿过 D 字环后翻折，暂时固定

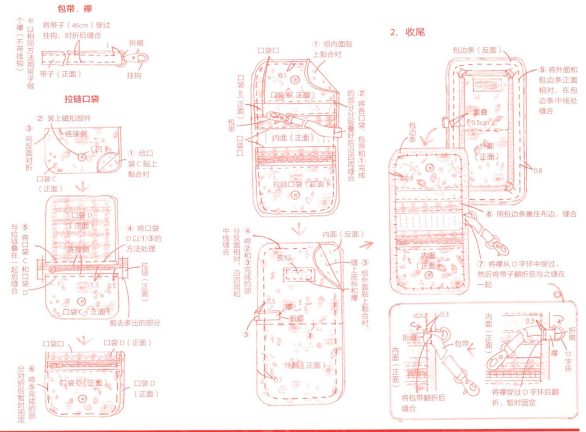

2. 制作里袋

开口侧
10
折线
9.5
口袋口
折线
9.5
折线
开口侧
（反面）
39
13
贴上厚黏合衬
给隔断部分

开口侧
口袋口
③ 的部分折叠，缝合两侧
对折，在口袋口处缝合
② 将①完成的部分向外
0.3
（反面）
① 如图所示，将①完成的部分折叠
折线
（正面）
（正面）
④
折叠开口侧的缝份
（反面）

3. 收尾

里袋（正面）
① 袋外面，将表袋翻至正面后套在里袋与拉链缝合
表袋（正面）

② 合三边
拉链
拉上拉链，明线缝
表袋（正面）

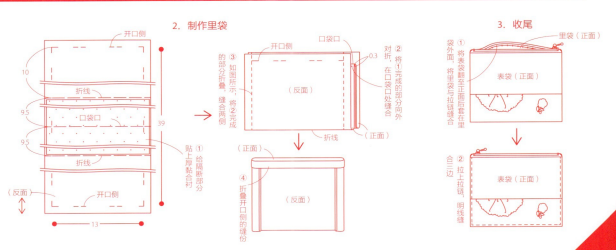

复古款式口金包

自由印花图案钱包

这一款钱包采用塑料复古口金，
成品雅致，彰显成熟韵味。
边缘装饰抽褶花边或绒球花边等，会更有奢华感。

设 计 者：铃木福枝（Fukue Suzuki）
成品尺寸：右包　约高 11cm、宽 13cm
　　　　　左包　约高 15cm、宽 21cm
制作方法：P.34

内部 ╱

Lesson ❼ 嵌入式口金的安装方法

材料和工具

材料：包主体、口金、纸绳、线。
工具：针、手工艺用胶水、
锥子、钳子。

01

依照口金的大小截取纸绳
并将其捻开。

02　收针固定

在距包主体里袋口 1cm 处
缝上纸绳。

03

缝到另一端后，把多余的
纸绳剪掉。在另一侧也以
同样的方法缝好纸绳。

04

在口金的沟槽中涂上胶水。
建议使用细嘴式胶水，涂
起来会比较方便。

05

将包主体嵌进口金的沟槽
中。将包主体里袋一侧中
央位置与口金中央位置对
齐，用锥子将布嵌入。然
后将左右两侧的包主体部
分均匀地嵌入口金沟槽。

06

在嵌布时从
外侧看一下
口金两端是
否有纸绳露
出，若有，
稍作调整。

07

如果口金沟槽
内还有空隙，
需要再追加纸
绳。最后用钳
子将口金两侧
压实即可。

细褶是关键

衬衫蛙嘴包

设计独特的口金包，就像给它穿了一件细褶衬衫一样。

低调稳重的色彩搭配给人以干练的印象。

布料相接处暗藏一个小袋，实用性极强。

设 计 者：大木由纪（**Yuki Oki**）

成品尺寸：大号　约高 16cm、宽 20.5cm

　　　　　小号　约高 13.5cm、宽 15cm

制作方法：P.35

内部／

用小碎布制成

口红收纳袋

这种小口金袋对于收纳口红来说，恰到好处。

纯手工缝制，简单易上手，

根本停不下来。

设 计 者：竹内摩弓（**Mayumi Takeuchi**）

成品尺寸：约高 11cm、宽 4.5cm

制作方法：P.34

＼　变换拼布方式　／

P.32 自由印花图案钱包

[见原大纸样 A 面]

材料（小号） 表布（35cm×15cm），里布（35cm×15cm），黏合衬（35cm×15cm），直径为 0.5cm 的绒球花边（20cm），喜欢的装饰物，口金（宽 10cm，高 5.5cm），纸绳。

大号包的做法要点

[见原大纸样 A 面]

可以将用其他布做成的蝴蝶结装饰在表袋上，表布剩的布头也可以用来装饰里袋。想做荷叶边，可以用其他布（5cm×65cm）向外对折后做成波形褶皱的效果，在制作包包主体时将之夹在内部缝制。对于包口处的褶子，要在将主体翻至正面后再处理。另外，塑料质地的口金不可用钳子按压。使用 14cm 宽、6cm 高的口金。

制作方法（单位：cm）

☆ 缝份为 0.7cm

1. 制作表袋

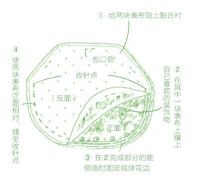

① 给两块表布贴上黏合衬
包口侧
收针点
（反面）
④ 使两块表布正面相对，缝至收针点
② 在其中一块表布上镶上自己喜欢的装饰物
③ 在 ② 完成部分的底侧临时固定绒球花边
正面

2. 制作里袋

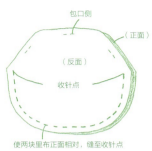

包口侧
（正面）
（反面）
收针点

使两块里布正面相对，缝至收针点

3. 收尾

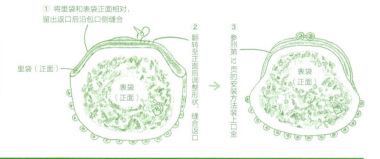

① 将里袋和表袋正面相对，留出返口后沿包口侧缝合
里袋（正面）
表袋（正面）
翻转至正面后调整形状，缝合返口
参照第 32 页的安装方法装上口金
表袋（正面）

P.33 口红收纳袋

[见原大纸样 A 面]

材料（粉色款） 表布 a（15cm×15cm），表布 b（15cm×10cm），里布（15cm×15cm），黏合衬（30cm×15cm），0.7cm 宽的蕾丝花边（15cm），花纹蕾丝布（1 块），4cm 宽、3.5cm 高的口金（1 个），纸绳（适量），铃铛、钥匙环部件（各 1 个）。

制作方法（单位：cm）

☆ 缝份为 0.7cm

1. 制作表袋和里袋

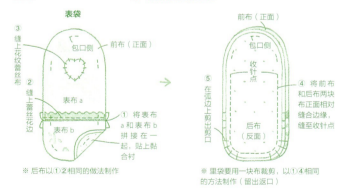

表袋
③ 缝上花纹蕾丝布
② 缝上蕾丝花边
包口侧
前布（正面）
表布 a
表布 b
① 将表布 a 和表布 b 拼接在一起，贴上黏合衬
※ 后布以①②相同的做法制作

前布（正面）
包口侧
收针点
后布（反面）
⑤ 在弧边上剪出剪口
④ 将前布和后布两块布正面相对缝合边缘，缝至收针点
※ 里袋要用一块布裁剪，以①④相同的方法制作（留出返口）

2. 收尾

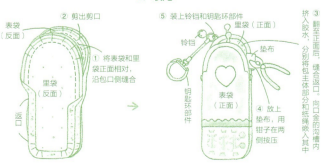

表袋（反面）
② 剪出剪口
里袋（反面）
① 将表袋和里袋正面相对，沿包口侧缝合
返口

⑤ 装上铃铛和钥匙环部件
里袋（正面）
铃铛
垫布
钥匙环部件
表袋（正面）
④ 放上垫布，用钳子在两侧按压
③ 翻至正面后，缝合返口。向口金的沟槽内挤入胶水，分别将包主体部分和纸绳嵌入其中

P.33 衬衫蛙嘴包

[见原大纸样 B 面]

材料（大号包） 前布表布（40cm×20cm），
后布表布·外口袋表布（55cm×20cm），
里布·内口袋（70cm×35cm），精美的珠子，
17cm 宽、6.5cm 高的带环口金（1 个），
纸绳（适量）。

尺寸图

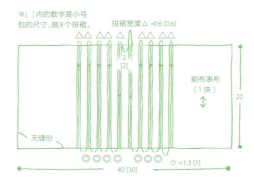

※ [ ] 内的数字是小号
包的尺寸。做8个排褶。

排褶宽度△ =0.6 [0.6]

前布表布
（1块）

20

无缝份

40 [30]   ◎ =1.3 [1]

制作方法（单位：cm）

☆ 未注明缝份为 0.7cm

1. 制作前布表布

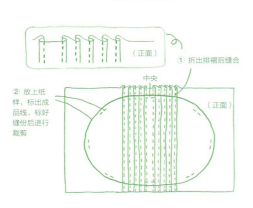

（正面）

① 折出排褶后缝合

中央

② 放上纸样，标出成品线，标好缝份后进行裁剪

（正面）

2. 制作口袋

外口袋

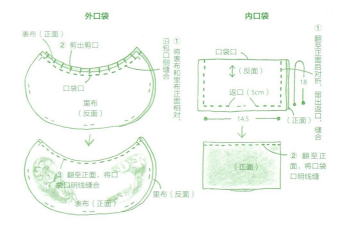

表布（正面）

② 剪出剪口

口袋口

里布（反面）

① 将表布和里布正面相合

沿包口侧缝合

③ 翻至正面，将口袋口明线缝合

表布（正面）

里布（反面）

内口袋

口袋口

（反面）

返口（5cm）

14.5

（正面）

18

① 翻至正面后对折，留出返口缝合

② 翻至正面，将口袋口明线缝

（正面）

3. 制作表袋和里袋

表袋

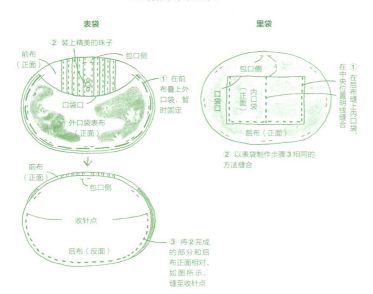

② 装上精美的珠子

包口侧

前布（正面）

口袋口

外口袋表布（正面）

① 在前布叠上外口袋，暂时固定

前布（正面）

包口侧

收针点

后布（反面）

③ 将2完成的部分和后布正面相对，如图所示，缝至收针点

里袋

包口侧   4

口袋口

内口袋（正面）

内口袋

后布（正面）

① 在后布缝上内口袋，在中央位置明线缝合

② 以表袋制作步骤3相同的方法缝合

4. 收尾

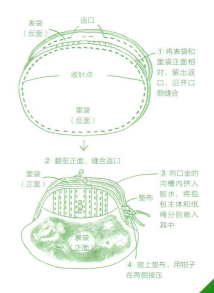

表袋（反面）

返口

收针点

里袋（反面）

① 将表袋和里袋正面相对，留出返口，沿开口侧缝合

里袋（正面）

② 翻至正面，缝合返口

垫布

表袋（正面）

③ 向口金的沟槽内挤入胶水，将包包主体和纸绳分别嵌入其中

④ 放上垫布，用钳子在两侧按压

使用折叠墙子

在包口外侧穿上绳子即可，制作方法简单，易上手

束口包

不用在包口安装金属气眼，
只在包口外侧缝一道蕾丝花边，穿上绳子就可以了。
制作方法简单，易上手，款式时尚。

> 设 计 者：渡部由纪（Yuki Watanabe）
> 成品尺寸：约高 16cm、宽 10cm、厚 7cm
> 制作方法：P.39

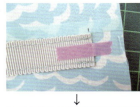

将蕾丝花边的上下两边缝好。可
以用纸胶带代替大头针，制作起
来会更方便。

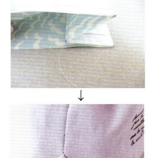

如图所示，在包体底部中央先进行
谷形折叠，然后再进行山形折叠，
将侧面缝合即可得到折叠墙子。

变换前后面的拼布方式
迷你束口包

使前后两面拼接布的位置正好相反，
束口包的设计风格就发生了变化。
使用绒绳代替普通绳子，束口包看上去会更具时尚感。

设 计 者：枝广美保（Miho Edahiro）
成品尺寸：约高 15.5cm、宽 9.5cm、厚 2cm
制作方法：P.39

拉紧绳子，花朵形状立显
花瓣束口包

在包口附近缝上半圆形的花瓣，
束绳末端的设计是亮点，使其如同花蕊一般。

设 计 者：竹内摩弓（Mayumi Takeuchi）
成品尺寸：底部直径约为 14cm、高 17cm
制作方法：P.38

花瓣束口包

制作方法（单位：cm）

☆ 未注明缝份为1cm

材料 表布（70cm×20cm），里布·包扣布（75cm×20cm），花瓣用布（40cm×40cm），波浪带（15cm），直径为0.4cm的绳子（1.1m），直径2cm的包扣芯（4个），标牌（1个），花纹蕾丝布（2块）。

1. 制作花瓣

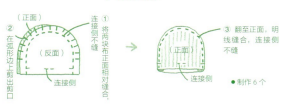

① 将两块布正面相对缝合，连接侧不缝

② 在弧形边上剪出剪口

（反面）

（正面）

连接侧不缝

连接侧

③ 翻至正面，明线缝合，连接侧不缝

（正面）

连接侧

● 制作6个

2. 制作表袋和里袋

表袋

44

0.15

0.3

花纹蕾丝布

连接侧

标牌

① 将花瓣暂时固定

侧布（正面）

② 把标牌和花纹蕾丝布缝好

底布连接侧

15

③ 将布的两端正面相对缝合，缝出一个圆筒

侧布（正面）

连接侧

折痕

折痕

侧布（反面）

底布（反面）

14

底布（反面）

④ 将侧布和底布正面相对缝合

里袋

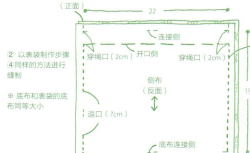

（正面）

22

连接侧

穿绳口（2cm）

开口侧

穿绳口（2cm）

② 以表袋制作步骤④同样的方法进行缝制

侧布（反面）

① 将两块布正面相对，留出穿绳口和返口，沿两侧缝合

※ 底布和表袋的底布同等大小

返口（7cm）

底布连接侧

19

3. 收尾

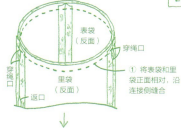

② 翻至正面，缝合返口

表袋（反面）

穿绳口

穿绳口

里袋（反面）

返口

① 将表袋和里袋正面相对，沿连接侧缝合

③ 将里袋沿包口侧折叠，在表袋的边缘位置明线缝合（缝两圈）

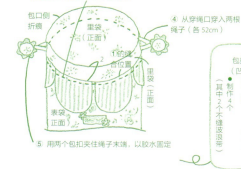

包口侧折痕

里袋（正面）

①的缝合位置

里袋（正面）

表袋正面

④ 从穿绳口穿入两根绳子（各52cm）

⑤ 用两个包扣夹住绳子末端，以胶水固定

包扣芯（凹面）

缝上波浪带

● 制作4个（其中2个不缝波浪带）

包扣芯（凹面）

0.3

将包扣芯放在布上面

（反面）

无缝份

用平针缝方法缝一圈

包扣的制作方法

波浪带（7cm）

将线拉紧，包住包扣芯

花瓣的原大纸样

连接位置

花瓣（12块）

折痕

缝份为1cm

P.36 束口包

材料（紫色款） 表布（25cm×45cm），里布（25cm×45cm），2.3cm 宽的蕾丝花边（40cm），直径为 0.2cm 的圆绳（1m），精美的装饰物。

制作方法（单位：cm）

☆ 无缝份

1. 制作表布和里布

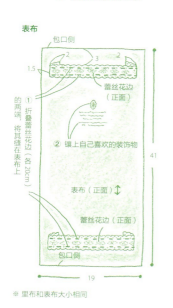

表布

包口侧
2　3　2
1.5
蕾丝花边（正面）

① 折叠蕾丝花边的两端，将其缝在表布上（各20cm）

② 镶上自己喜欢的装饰物

表布（正面）

蕾丝花边（正面）

包口侧

41

19

※ 里布和表布大小相同

2. 收尾

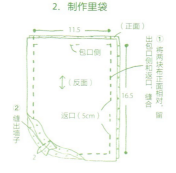

留出返口，沿两侧缝合

里布（反面）

返口（6cm）

里布（正面）

对准包口侧，使表布、里布正面相对，

包口侧

表布（反面）

表布（正面）

1　1

② 如图所示，包底部中线向内折叠

表布（反面）

① 将表布和里布正面相对，沿包口侧缝合

里布（正面）

1　1

④ 翻至正面，缝合返口

⑥ 从两侧将两根圆绳（各50cm）交替穿过蕾丝花边，打结

里袋（正面）

表袋（正面）

⑤ 在包口处明线缝合

包底的中线（正面）

折痕（反面）

3.5　3.5

折痕

制作方法（单位：cm）

☆ 未注明缝份为 0.7cm

1. 制作表袋

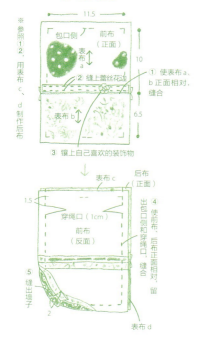

※ 参照1、2，用表布 c、d 制作后布

11.5

包口侧　前布（正面）

表布a（正面）

10

② 缝上蕾丝花边

① 使表布 a、b 正面相对，缝合

表布b（正面）

6.5

③ 镶上自己喜欢的装饰物

表布 c　后布（正面）

1.5

穿绳口（1cm）

前布（反面）

④ 使前布、后布正面相对，留出包口侧和穿绳口，缝合

⑤ 缝出墙子

2

表布d

P.37 迷你束口包

材料 表布 a·d（20cm×25cm），表布 b·c（20cm×25cm），里布（30cm×25cm），1.2cm 宽的蕾丝花边（30cm），直径为 0.2cm 的软线（60cm），精致的装饰物。

2. 制作里袋

11.5　（正面）

包口侧

（反面）

① 将两块布正面相对，留出包口侧和返口，缝合

16.5

返口（5cm）

② 缝出墙子

2

3. 收尾

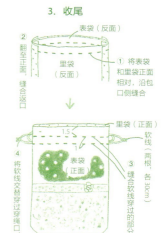

表袋（反面）

② 翻至正面，缝合返口

里袋（反面）

① 将表袋和里袋正面相对，沿包口侧缝合

1.5

表袋正面

里袋（正面）

软线（两根，各30cm）

④ 将软线交替穿过穿绳口，打结

③ 缝合软线穿过的部分

口袋足有 14 个

多功能收纳包

大小足以容纳长款钱包，带有多个小口袋，
可收纳耳机、卡片等多种物品。
款式可以自定，手工制作特有的创意感十足。
有提手带，出游必备。

设 计 者：橿礼子（**Reiko Kashi**）
成品尺寸：约高 16.5cm、厚 6cm
制作方法：P.42

＼ 长款钱包大小 ／

＼ 提手带 ／

＼ 卡袋 ／

＼ 合上口袋盖 ／

带有口袋盖，将卡片放进去，不
怕会甩出来。

背面 ／

在旅途中可以挂起来的
大容量旅行收纳袋

超大容量，能将平时常用的化妆工具收纳在一起，

可以直接挂在墙上，实用性不错的小袋子。

不仅能容纳竖放的瓶子，

设计者在侧面和外盖上也下了很大的功夫！

设 计 者：川崎贵子（**Takako Kawasaki**）

成品尺寸（闭合状态）：约高 14.5cm、宽 20cm、厚 7cm

制作方法：P.43

多个小口袋

侧面口袋

多功能收纳包

[见原大纸样 B 面]

材料 前布与后布表布·墙子表布·后布内侧布·内口袋 A~C·口袋盖（90cm×65cm），外口袋·内口袋 D·提手带·襻（65cm×45cm），里布（35cm×55cm），1cm 宽的蕾丝花边（25cm），1.5cm 宽的缎带（5cm），直径为 1.4cm 的磁扣（1 组），2cm 宽的挂钩（2 个），1.8cm 宽的 D 字环（2 个），21cm 长的拉链（1 根），标牌（1 个），花纹蕾丝布（1 块）。

制作方法（单位：cm）

☆ 未注明缝份为 1cm

1. 制作各部件

外口袋、内口袋

① 向反面对折，明线缝合口袋口处
口袋口
② 缝上蕾丝花边 0.3
外口袋（正面）
③ 缝上标牌和花纹蕾丝布

※ 内口袋 A、B、C、D 也需按①缝合

口袋盖

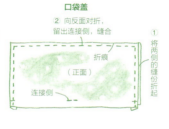

② 向反面对折，留出连接侧，缝合
① 将两侧的缝份折起
折痕（正面）
连接侧

提手带

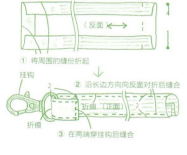

38
（反面）
① 将周围的缝份折起
挂钩
② 沿长边方向向反面对折后缝合
折痕（正面）
2   2
③ 在两端穿挂钩后缝合

襻

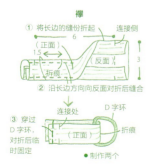

① 将长边的缝份折起   连接侧
6
（正面）
1.5
（反面）   3
折痕
② 沿长边方向向反面对折后缝合
连接处   D 字环
③ 穿过 D 字环，对折后临时固定
（正面）   折痕
● 制作两个

2. 制作表袋

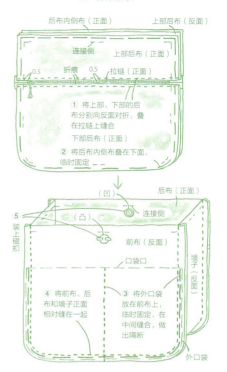

后布内侧布（正面）   上部后布（反面）
连接侧   上部后布（正面）
0.5   折痕   0.5   拉链（正面）
① 将上部、下部的后布分别向反面对折，叠在拉链上缝合
下部后布（正面）
② 将后布内侧布叠在下面，临时固定
（凹）   后布（正面）
5   （凸）   连接侧
装上磁扣   前布（反面）
口袋口   墙子（反面）
④ 将前布、后布和墙子正面相对缝在一起
③ 将外口袋放在前布上，临时固定，在中间缝合，做出隔断
外口袋
（正面）

3. 制作里袋

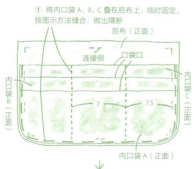

① 将内口袋 A、B、C 叠在后布上，临时固定，按图示方法缝合，做出隔断
后布（正面）
连接侧   口袋口
内口袋 B（正面）   内口袋 C（正面）
7   7.5
内口袋 A（正面）

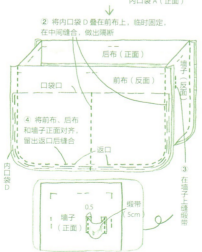

② 将内口袋 D 叠在前布上，临时固定，在中间缝合，做出隔断
后布（正面）
口袋口   前布（反面）   墙子（反面）
④ 将前布、后布和墙子正面对齐，留出返口后缝合
内口袋 D
返口
③ 在墙子上缝缎带
墙子（正面）
0.5
缎带（5cm）

4. 收尾

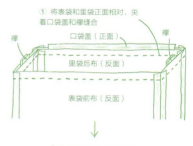

① 将表袋和里袋正面相对，夹着口袋盖和襻缝合
襻   口袋盖（正面）   襻
里袋后布（反面）
表袋前布（反面）

② 翻至正面后，缝合返口

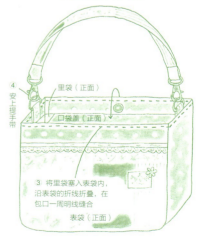

④ 安上提手带
里袋（正面）
口袋盖（正面）
③ 将里袋塞入表袋内，沿表袋的折线折叠，在包口一周明线缝合
表袋（正面）

大容量旅行收纳袋

[见原大纸样 B 面]

材料 外口袋·贴花布（c）（30cm×25cm），后布表布·前布里布·内口袋·贴花布（e）（55cm×40cm），墙子表布（55cm×15cm），带盖口袋（a）（25cm×10cm），带盖口袋（b）（25cm×15cm），襻布·包边条·贴花布（d）（35cm×15cm），盖子·前布表布·里布·饰带衬（75cm×50cm），黏合衬（55cm×35cm），1.6cm 宽的蕾丝花边（15cm），1.2cm 宽的蕾丝花边（25cm），直径为 1cm 的子母扣（1 组），19cm 长的拉链（1 根），花纹蕾丝布（1 块）。

制作方法（单位：cm）

☆ 未注明缝份为 1cm

1. 制作各部件

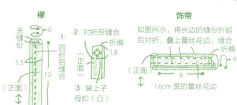

襻

饰带

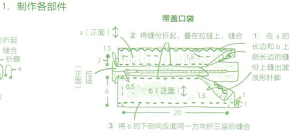

带盖口袋

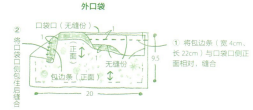

外口袋

① 将包边条（宽 4cm、长 22cm）与口袋口侧正面相对，缝合

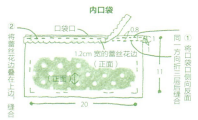

内口袋

2. 制作盖子

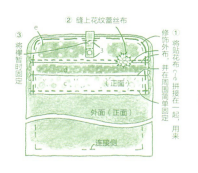

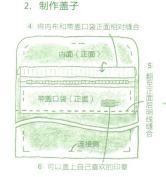

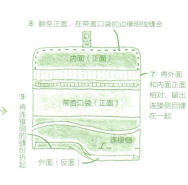

3. 制作表袋和里袋

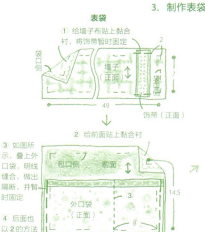

表袋

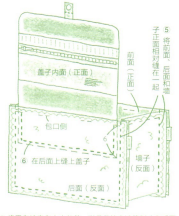

4. 收尾

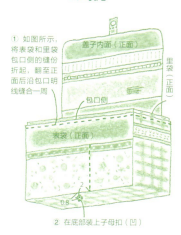

※ 将里布按表布大小裁剪，以 3、5 的方法缝制（在后面缝上内口袋，也可以盖上自己喜欢的印章，不需要缝制隔断），如此可将里袋做好

"啪"地一下打开

口金拉链多功能包

金色拉链小包，虽然看上去有点复杂，
实际上只需直线缝制。
做出的成品真的可爱。

设 计 者：竹内摩弓（Mayumi Takeuchi）
成品尺寸（闭合状态）：
　　　大号　约高14cm、宽24cm、厚10cm
　　　小号　约高12cm、宽19cm、厚8cm
制作方法：P.46

内部一目了然

侧面

参加活动时可吸引目光

DIY 工具包

侧面有带子，可以用来放美纹胶带，
内部专门做了 3 个剪刀袋，
能够很好地收纳手工工具，
十分称手且无可挑剔！

设 计 者：工藤佐知子（Sachiko Kudo）
成品尺寸：约高 20cm、宽 17cm、厚 3cm
制作方法：P.47

＼ 美纹胶带的固定位置 ／

＼ 3 个剪刀袋 ／

内部 ／

设计了有刃工具专用袋，使用放心。
除剪刀外，也可以放小刀等。

45

口金拉链多功能包

材料（小号） 表布 a · 装饰布（35cm×30cm），表布 b（35cm×20cm），里布（35cm×40cm），黏合衬（65cm×40cm），0.7cm 宽的波浪带（60cm），30cm 长的拉链（1 根），标牌（1 个），支架口金（宽 15cm、高 6cm）。

制作方法（单位：cm）

☆ 未注明缝份为 1cm

1. 制作装饰布

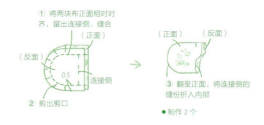

① 将两块布正面相对对齐，留出连接侧，缝合

（正面）　（反面）

（反面）

0.5

② 剪出剪口

连接侧

③ 翻至正面，将连接侧的缝份折入内部

● 制作 2 个

2. 制作表袋和里袋

表袋

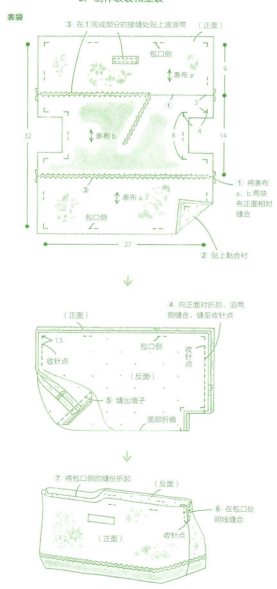

③ 在①完成部分的接缝处贴上波浪带　（正面）

包口侧

表布 a·

9

表布 b

① 32

① 将表布 a、b 两块布正面相对缝合

3

1

8

4

14

表布 a·

包口侧

② 贴上黏合衬

27

② 贴上黏合衬

④ 向正面对折后，沿两侧缝合，缝至收针点

（正面）

1.5

收针点

包口侧

收针点

（反面）

⑤ 缝出墙子

底部折痕

⑦ 将包口侧的缝份折起　（反面）

⑥ 在包口处明线缝合

（正面）

收针点

※ 里袋由一块布制成，与表布同等大小，以②、④～⑦的方法制作

3. 收尾

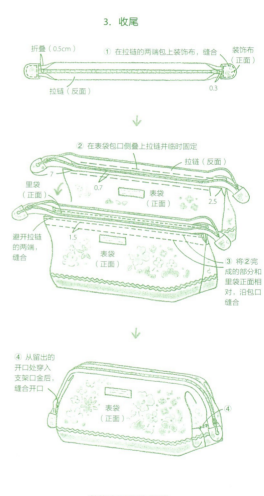

折叠（0.5cm）

① 在拉链的两端包上装饰布，缝合

装饰布（正面）

拉链（反面）

0.3

② 在表袋包口侧叠上拉链并临时固定

拉链（反面）

里袋（正面）

7

0.7

表袋（正面）

2.5

避开拉链的两端，缝合

1.5

表袋（正面）

③ 将②完成的部分和里袋正面相对，沿包口缝合

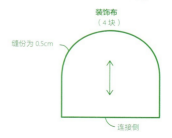

④ 从留出的开口处穿入支架口金后，缝合开口

表袋（正面）

④

装饰布的原大纸样

装饰布（4 块）

缝份为 0.5cm

连接侧

制作方法（单位：cm）

☆ 未注明缝份为 1cm

P.45 **DIY 工具包**

[见原大纸样 B 面]

材料 包体表布·外口袋·内口袋·肩带·侧带（60cm×85cm），里布（25cm×50cm），碎布（2块），黏合衬（25cm×50cm），直径为 0.7cm 的四合扣（1组），标牌（1个）。

1. 制作各部件

内口袋

① 将口袋口处的缝份向反面同一方向折三层后缝合

② 将底侧的缝份向反面同一方向折三层后缝合

③ 将连接侧锁边

● 制作 3 个

④ 向正面对折后缝合

外口袋

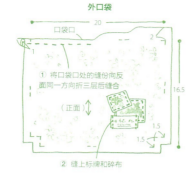

① 将口袋口处的缝份向反面同一方向折三层后缝合

② 缝上标牌和碎布

肩带

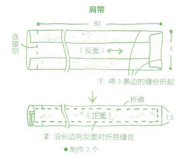

① 将 3 条边的缝份折起

② 沿长边向反面对折后缝合

● 制作 2 个

侧带

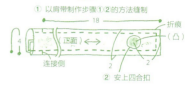

① 以肩带制作步骤①②的方法缝制

② 安上四合扣

2. 制作表布

① 将外口袋叠在前布上，对两侧做暂时固定，明线缝合中间，做出隔断

② 将前布和后布正面相对对齐后沿底部缝合

3. 制作里布

② 将内口袋连接侧的缝份折起，缝在后布上

① 贴上黏合衬

4. 收尾

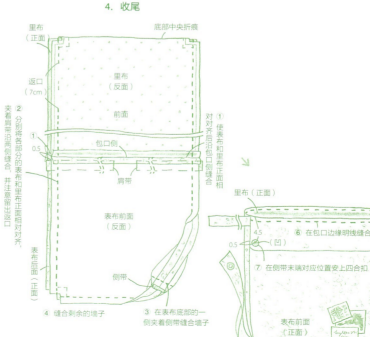

① 使表布和里布正面相对，对齐后沿包口侧缝合

② 分别将各部分的表布和里布正面相对对齐

③ 在表布底部的一侧夹着侧带缝合墙子

④ 缝合剩余的墙子

⑥ 在包口边缘明线缝合

⑦ 在侧带末端对应位置安上四合扣

使用了包芯绳，不易变形

蝴蝶结小包

横向够长，容量充足，
可以作为笔袋。
使用了包芯绳，给人以结实的印象，
同时强调了蝴蝶结的形状。

设 计 者：大木由纪（**Yuki Oki**）
成品尺寸：约高 9cm、宽 19.5cm、厚 4.5cm
制作方法：P.50

有张有弛的设计

方便的笔夹

也可以作为小礼物

手账包

把证件、便笺和笔等
一起放在手账包里，发生紧急情况也不怕。
也可以把它用在其他方面，
作为礼物也非常合适。

设 计 者：鸭志田有美（Yumi Kamoshida）
成品尺寸（闭合状态）：约高 21cm、宽 15cm
制作方法：P.51

P.48 **蝴蝶结小包**

[见原大纸样 B 面]

材料 表布 a・墙子表布（80cm×20cm），里布・表布 b・包边条（80cm×50cm），黏合衬（45cm×30cm），加棉黏合衬（45cm×30cm），1cm 宽的皮革带（15cm），直径为 0.5cm 的铆钉（1 组），直径为 0.3cm 的细绳（1.1m），花纹蕾丝布（1 块），23cm 长的拉链（1 根）。

制作方法（单位：cm）

☆ 未注明缝份为 0.7cm

1. 缝制包芯绳

① 把包边条向正面对折后缝合
② 把细绳（53.5cm）放在包边条中央
③ 把包边条沿细绳向反面对折，并在细绳边缘处缝合

• 缝制两个
④ 修剪包边条两端的连接处

2. 缝制前后面

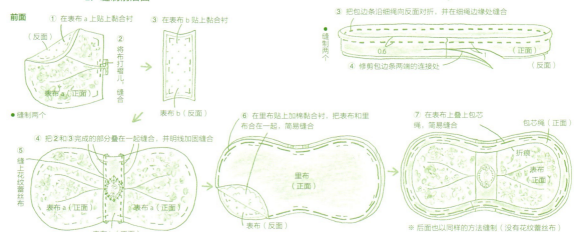

前面
① 在表布 a 上贴上黏合衬
② 将布打褶儿，缝合
③ 在表布 b 上贴上黏合衬

• 缝制两个

④ 把 2 和 3 完成的部分叠在一起缝合，并明线加固缝合
⑤ 缝上花纹蕾丝布

⑥ 在里布贴上加棉黏合衬，把表布和里布合在一起，简易缝合

⑦ 在表布上叠上包芯绳，简易缝合

※ 后面也以同样的方法缝制（没有花纹蕾丝布）

3. 缝制墙子

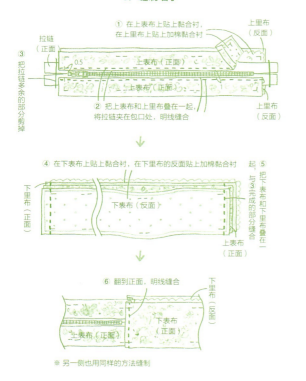

① 在上表布上贴上黏合衬，在上里布上贴上加棉黏合衬
② 把上表布和上里布叠在一起，将拉链夹在包口处，明线缝合

③ 把拉链多余的部分剪掉

④ 在下表布上贴上黏合衬，在下里布的反面贴上加棉黏合衬
⑤ 把下表布和下里布叠在一起，与 3 完成的部分缝合

⑥ 翻到正面，明线缝合

※ 另一侧也用同样的方法缝制

4. 收尾

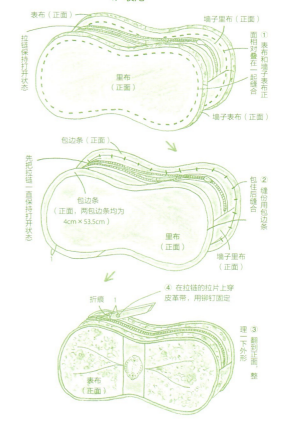

① 表布和墙子表布正面相对叠在一起缝合
② 缝份用包边条包住后缝合

③ 拉链保持打开状态
先把拉链一直保持打开状态

包边条（正面，两包边条均为 4cm×53.5cm）

④ 在拉链的拉片上穿皮革带，用铆钉固定
③ 翻到正面，整理一下外形

P.49 手账包

[见原大纸样 B 面]

材料 外面 c・左内袋 B・右内袋里布（40cm×25cm），外面 d・外袋表布・包边条（85cm×85cm），外袋里布（15cm×15cm），内面 a（35cm×25cm），内面 b・卡袋 C 和 D（20cm×35cm），右内袋表布・左内袋 A 用蕾丝布（30cm×25cm），加棉黏合衬（35cm×25cm），黏合衬（50cm×25cm），0.8cm 宽的蕾丝花边（25cm），1.5cm 宽的细带（10cm），3cm 宽的皮革带（15cm），2cm 宽的皮革带（10cm），1.2cm 宽的皮革带（10cm），直径为 0.6cm 的铆钉（5 组）。

制作方法（单位：cm）

☆ 未注明缝份为 1cm
※ 各皮革带可按照自己喜好裁掉角

1. 缝制各口袋

右内袋

① 缝制卡袋 C、D

先在袋口侧折三层并缝合

● 缝制 3 个

※ 卡袋 D 的口袋口也向反面折三层后缝合

再把底部边缘锁边

左内袋

外袋

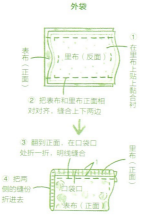

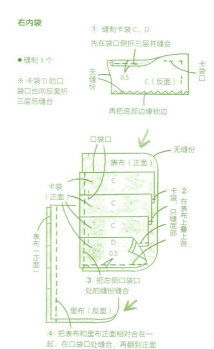

2. 缝制外面和内面

内面

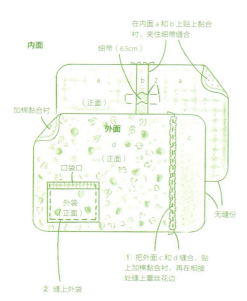

3. 收尾

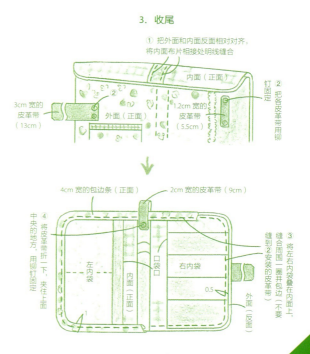

可以携带足够的纸巾

便携式纸巾包

在易过敏时期不可或缺的纸巾收纳包，

可对折收纳，给人一种超大号、很安心的感觉。

包口处使用了纽扣把两端连在一起，拿出、放入纸巾都很容易。

设 计 者：河原真由美（Mayumi Kawahara）

成品尺寸（闭合状态）：约 12cm×12cm

制作方法：P.55

\ 展开使用 /

在前面的迷你小口袋里还
可以放创可贴和常用药。

空间充裕

这是
隐形口袋

即使装入了小垃圾，也不会变形，没有明显的存在感，用起来会很开心。

形状看起来像鱼鳞

清洁包

把拉链全部打开，底部出现一处条形空间，
可把用过的纸巾团起来放在里面。
容量大，即使一整天外出也够用。
表布使用了胶合布，里布使用了尼龙布。

设 计 者：工藤佐知子（Sachiko Kudo）
成品尺寸：约高 14cm、宽 9.5cm，墙子约宽 4cm
制作方法：P.54、P.55

设 计 者：田村郁子（Ikuko Yokoyama）
成品尺寸（闭合状态）：每个约高 13cm，宽 13.5cm
制作方法：P.54

收纳日常小东西

仪容包

在纸巾包上加了几个小口袋。
这是一个万能包包，
可以收纳小手绢、药、发夹等
每天会使用的小东西。
只要有了它，就不怕忘东西了。

P.53

仪容包

[见原大纸样 B 面]

材料（粉色款） 外面·口袋 C（35cm×35cm），盖子表布·口袋 A（40cm×20cm），盖子里布·口袋 B（45cm×20cm），内面（35cm×20cm），贴花蕾丝布（10cm×20cm），加棉黏合衬（75cm×20cm），1.8cm 宽的蕾丝花边（15cm），1cm 宽的丝带（10cm），1cm 宽的 D 字环（1 个），直径为 1cm 的按扣（1 组），12cm 长的拉链（1 条），精美的装饰品、标牌。

制作方法（单位：cm）

☆ 未注明缝份为 1cm

襻

把丝带（6cm）对折，穿过 D 字环

D 字环
折痕
连接侧

1. 缝制各部件

口袋 A

（反面）
向反面对折
口袋口侧
（正面）

口袋 B

无缝份
（反面）
31
（正面）
4.5　4.5
如图所示叠折
简易缝合
口袋口处折痕
开口处折痕
上下
折痕
（正面）
15
5　6
0.3
对齐

盖子

① 在表布上贴上加棉黏合衬
连接侧
表布（反面）
0.7
里布（正面）

② 把表布和里布正面相对合在一起，留出连接侧后缝合

表布（正面）
里布（反面）

③ 翻到正面，把自己喜欢的装饰品缝上去

口袋 C

将布片向反面对折，附上拉链明线缝合
折痕
（正面）
0.5
0.5
（反面）
拉链（正面）

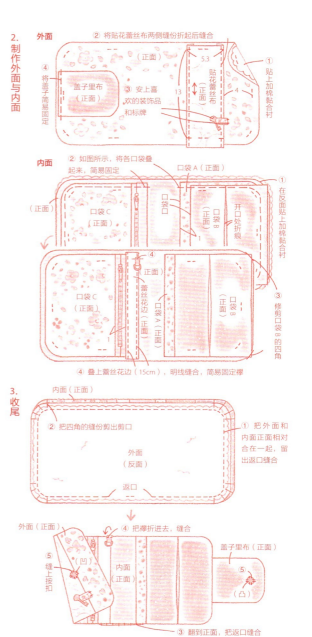

2. 制作外面与内面

外面
① 贴上加棉黏合衬
② 将贴花蕾丝布两侧缝份折起后缝合
（正面）
5.3
13
④ 将盖子简易固定
盖子里布（正面）
贴花蕾丝布（正面）
（正面）
③ 安上喜欢的装饰品和标牌
4

内面
② 如图所示，将各口袋叠起来，简易固定
① 在反面贴上加棉黏合衬
（正面）
口袋 C（正面）
口袋 A（正面）
开口处折痕
口袋 B（正面）
口袋 C（正面）
蕾丝花边（正面）
口袋 B（正面）
口袋 A（正面）
修剪口袋 B 的四角
1
④ 叠上蕾丝花边（15cm），明线缝合，简易固定襻

3. 收尾

内面（正面）
② 把四角的缝份剪出剪口
外面（反面）
① 把外面和内面正面相对合在一起，留出返口缝合
返口

外面（正面）
④ 把襻折进去，缝合
⑤ 缝上按扣（凹）
内面（正面）
盖子里布（正面）
⑤（凸）
③ 翻到正面，把返口缝合

P.53

清洁包

[见原大纸样 B 面]

材料 外面·提手带用胶合布（40cm×25cm），内面用尼龙布（40cm×30cm），加棉黏合衬（20cm×30cm），36cm 长的拉链（1 根），标牌。

制作方法（单位：cm）

☆ 未注明缝份为 0.7cm

1. 缝制外面

拉链（反面）
0.5
（正面）
① 缝上标牌
Cuddly
0.5
底部
② 把拉链放到中间，缝合
※ 另一侧也用同样的方法缝

※ 拉链呈打开状态

（反面）
②
提手带
折痕
（正面）

③ 把 2 片布正面相对对齐，在中间夹上对折后的提手带，缝合底部两个大头针间的区域

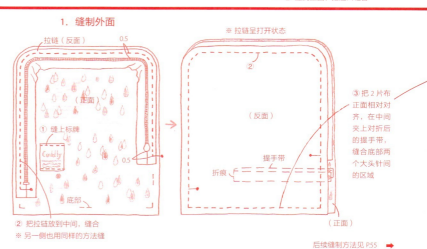

后续缝制方法见 P.55 ➡

便携式纸巾包
[见原大纸样 B 面]

材料（粉色款） 外面表布·内面表布 b·盖子里布·口袋里布·包扣布（45cm×30cm），
口袋表布·盖子表布（20cm×20cm），内面表布 a（25cm×25cm），里布（30cm×30cm），
0.9cm 宽的细带（10cm），2.2cm 宽的蕾丝花边（15cm），0.9cm 宽的蕾丝花边（20cm），
2.5cm 宽的魔术贴（5cm），直径为 1cm 的按扣（2 组），直径为 2.3cm 的包扣配件（1 组）。

制作方法（单位：cm）

☆ 未注明缝份为 1cm

1. 缝制各部件

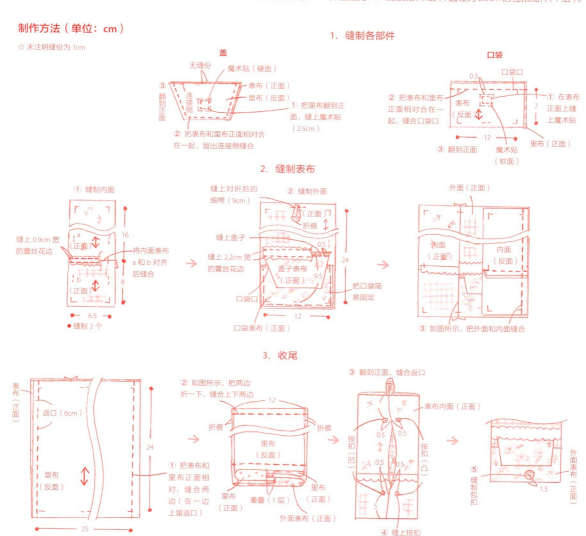

3. 收尾

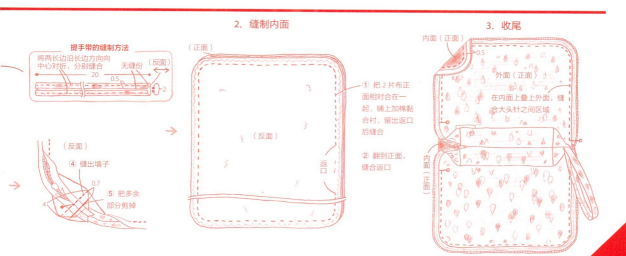

内侧有保温层

三角饭团包

这是一个可以不让饭团形状遭到破坏，使用便携的包包。
右边的包包可以放 2 个饭团，左边的包包可以放 3 个饭团。
在折叠处的线迹是保持形状漂亮的关键。
用完之后，将包折起来放便携带。

设 计 者：安川宫子（**Miyako Yasukawa**）

成品尺寸（打开状态）：
　　　大号　约高 35cm、宽 32cm
　　　小号　约高 35cm、宽 26.5cm
制作方法：P58

打开 /

背面 /

折起来小巧玲珑的 /

打开

内部

两种尺寸可选

拉链式水瓶包

内侧使用保温层的塑料瓶专用包包，
是可以每天使用的便利收纳包。
拉开拉链，折起一半使用，避免了弄湿桌子。

设 计 者：铃木福枝（**Fukue Suzuki**）
成品尺寸：500ml 款　约高 22cm、宽 6cm、墙子约宽 6cm
　　　　　350ml 款　约高 16.5cm、宽 6 cm、墙子约宽 6cm
制作方法：P.59

保温层的缝制小技巧 ❶

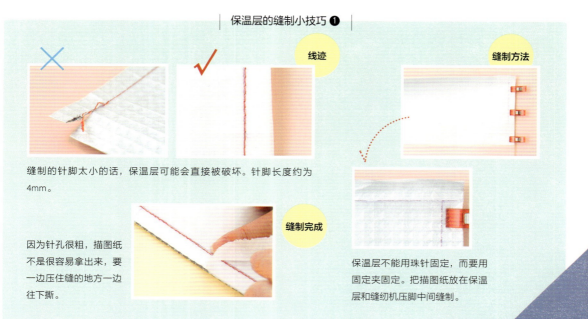

线迹

缝制方法

缝制完成

缝制的针脚太小的话，保温层可能会直接被破坏。针脚长度约为
4mm。

因为针孔很粗，描图纸
不是很容易拿出来，要
一边压住缝的地方一边
往下撕。

保温层不能用珠针固定，而要用
固定夹固定。把描图纸放在保温
层和缝纫机压脚中间缝制。

三角饭团包
[见原大纸样 A 面]

材料（小号）　表布 a（20cm×20cm），表布 b·垫布（35cm×35cm），里布用保温层（30cm×40cm），衬布用毛毡（30cm×40cm），边角布（若干），1.5cm 宽的细带（30cm），3cm 宽的梯形蕾丝花边（15cm），1.3 宽的蕾丝花边（20cm），0.7 宽的丝带（15cm），4cm 宽的包边条（1m），直径为 0.3cm 的圆松紧带（25cm），直径为 2cm 的纽扣（2 个），直径为 1cm 的按扣（1 组），精致的装饰物。

制作方法（单位：cm）

☆ 未注明缝份为 0cm

1. 缝制提手带

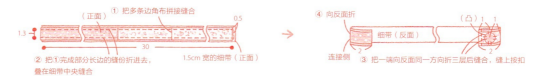

（正面）
① 把多条边角布拼接缝合
0.5
1.3
② 把①完成部分长边的缝份折进去，叠在细带中央缝合
1.5cm 宽的细带（正面）
30

④ 向反面折
连接侧
细带（反面）
③ 把一端向反面同一方向折三层后缝合，缝上按扣
（凸）1 1
2
2

2. 缝制主体

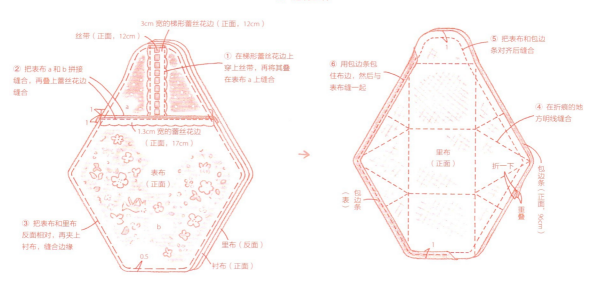

3cm 宽的梯形蕾丝花边（正面，12cm）
丝带（正面，12cm）
② 把表布 a 和 b 拼接缝合，再叠上蕾丝花边缝合
① 在梯形蕾丝花边上穿上丝带，再将其叠在表布 a 上缝合
1
1
a
1.3cm 宽的蕾丝花边（正面，17cm）
表布（正面）
③ 把表布和里布反面相对，再夹上衬布，缝合边缘
b
里布（反面）
0.5
衬布（正面）

⑤ 把表布和包边条对齐后缝合
⑥ 用包边条包住布边，然后与表布缝一起
④ 在折痕的地方明线缝合
里布（正面）
包边条（表）
折一下
重叠
包边条（正面，96cm）
1

3. 收尾

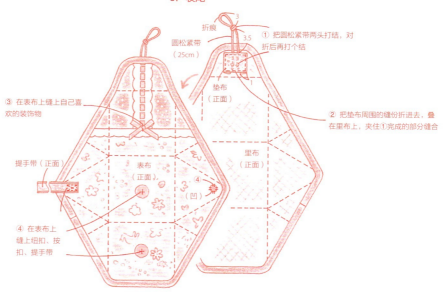

折痕
圆松紧带（25cm）
3
3.5
① 把圆松紧带两头打结，对折后再打个结
垫布（正面）
③ 在表布上缝上自己喜欢的装饰物
② 把垫布周围的缝份折进去，叠在里布上，夹住①完成的部分缝合
提手带（正面）
表布（正面）
里布（正面）
④ （凹）
④ 在表布上缝上纽扣、按扣、提手带

[见原大纸样 B 面]

P.57 拉链式水瓶包

材料（350ml 款） 拼接布，里布用保温层（30cm×25cm），边角布（若干），黏合衬（30cm×25cm），2cm 宽的斜纹缎带（25cm），直径为 1cm 的四合扣（1 组），25cm 长的平头拉链（1 根）。

制作方法（单位：cm）

☆ 未注明缝份为 1cm

1. 缝制提手带

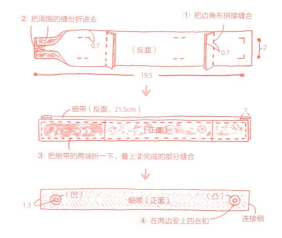

② 把周围的缝份折进去　① 把边角布拼接缝合

0.7　（反面）　0.7　2

19.5

细带（反面，21.5cm）

（正面）　1

③ 把细带的两端折一下，叠上②完成的部分缝合

1.3　（凹）　细袋（正面）　（凸）　连接侧

④ 在两边安上四合扣

保温层的缝制小技巧 ❷

手缝的时候

缝返口的时候，通常都是手缝。与缝纫机的针脚一样，以 4mm 的间隔为标准缝。注意不要用太细的针缝。另外，不要缝到保温层的边缘。

处理方法

把缝在一起的材料翻到正面的时候，如果返口太小的话，很难翻过来，最好留大一点儿的返口。压住返口的一端，小心翻材料，不让其开线，也要注意不弄破保温层。

2. 缝制表袋和内袋

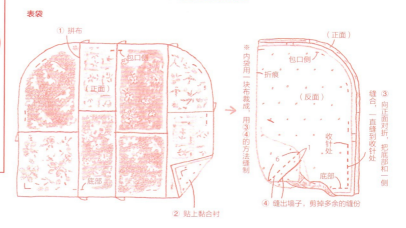

表袋

① 拼布

包口侧

（正面）

底部

② 贴上黏合衬

※内袋用一块布裁成，用③④的方法缝制

（正面）

包口侧

折痕

（反面）

③ 向正面对折，把底部和一侧缝合，一直缝到收针处

收针处

6　1

底部

④ 缝出墙子，剪掉多余的缝份

3. 收尾

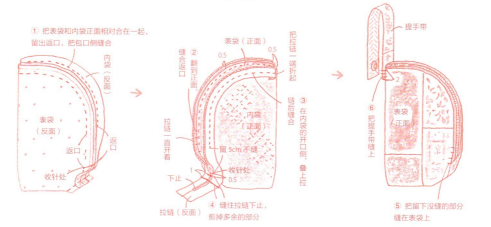

① 把表袋和内袋正面相对合在一起，留出返口，把包口侧缝合

内袋（反面）

表袋（反面）

返口　返口

收针处

表袋（正面）　0.5　0.5

缝合返口　②翻到正面

把拉链一端折起

链后缝合　③在内袋的开口侧，叠上拉链

内袋（正面）

拉链一直开着

留 5cm 不缝

1　0.5　收针处

下止

拉链（反面）

④ 缝住拉链下止，剪掉多余的部分

提手带

表袋（正面）

⑥ 把提手带缝在表袋上

2

⑤ 把留下没缝的部分缝在表袋上

加入小碎花元素

弹片口金手机袋

可经常使用的手机专用袋，
想要取出和放入方便，
弹片口金袋就是不二之选。
以小碎花元素为主，搭配张弛有度的布料，
使包包变得很时尚。

设 计 者：番场香奈子（Kanako Banba）
成品尺寸：约高17cm、宽8.5cm、墙子宽约1.5cm
制作方法：P.62、P.63

扣上提手带

使用市面上售卖的小配件

滑动式手机壳

使用动物图案的原创手机壳,
是很吸睛的手账式手机壳!
使用可滑动小配件,
把手机往上一推,拍照很方便。

设 计 者:须藤和加代(Wakayo Sudo)
成品尺寸(闭合状态):
约高 14cm、宽 7cm、厚 2cm
制作方法:P.63

※ 凡是不大于 14cm×7cm 的手机都可以使用这个手机壳。

留出镜头孔是关键

固定式手机壳

固定式手机壳要选用薄一点的布料,
以聚乙烯材料为主体,
在上面开一个镜头孔就可以了。
如果你想放入 IC 卡等,
不要使用磁性扣,使用魔术贴。

设 计 者:镰田由纪子(Yukiko Kamada)
成品尺寸(闭合状态):
约高 15cm、宽 8.5cm、厚 1cm
制作方法:P.62

※ 这是 iPhone 6/6s 适用的手机壳。
可根据你的手机调整手机壳尺寸。

P.61 固定式手机壳

[见原大纸样 B 面]

材料（蓝色款） 外面 c·内口袋（15cm×70cm），外面 a·内面 d·连接布（35cm×25cm），外面 b（20cm×10cm），聚乙烯材料（25cm×25cm），3.5cm 宽的蕾丝花边（35cm），2.5cm 宽的魔术贴（5cm），直径为 0.5cm 的金属气眼（2 组），iPhone 手机壳（1 个），精致的链子，小饰品。

制作方法（单位：cm）

☆ 未注明缝份为 1cm

1. 缝制各部件

连接布

① 在一块布上缝上魔术贴（硬面）

② 将两块布正面相对对齐，留出连接侧，缝合

③ 翻到正面，明线缝合

内口袋

① 沿着折线折起来，在口袋口明线缝合

② 两侧简易缝合

2. 缝制内面和外面

外面
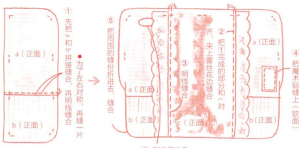

① 先把 a 和 b 拼接缝合，再缝一片
② 为了左右对称，再缝一片
③ 明线缝合
④ 把魔术贴缝上（软面）
⑤ 把周围的缝份折进去，夹上蕾丝花边缝合
⑥ 制作镜头孔

内面
① 把内口袋和 d 合在一起缝合，再明线缝合
② 折起周围的缝份
③ 制作镜头孔

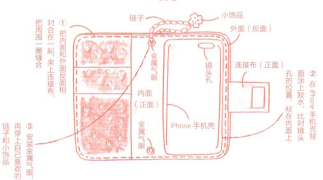

附上聚乙烯材料，切割并沿着镜头孔的轮廓折起来，用胶水粘上

0.5 镜头孔 内面（反面） 镜头孔 外面（反面） 聚乙烯材料

3. 收尾

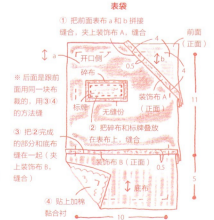

链子 小饰品 外面（反面） 镜头孔 连接布（正面） iPhone 手机壳

① 把内面和外面反面相对合在一起，夹上连接布，再穿上自己喜欢的链子和小饰品
② 在 iPhone 手机壳背面涂上胶水，比对镜头孔的位置，粘在内面上
③ 安装金属气眼

把周围一圈缝合 金属气眼 内面（正面） 金属气眼

P.60 弹片口金手机袋

材料（牛仔布款） 前面表布 a·后面表布·口布（40cm×20cm），前面表布 b（10cm×10cm），底布（20cm×20cm），里布·装饰布 A 和 B·碎布（45cm×25cm），加棉黏合衬（30cm×25cm），标牌，长约 18cm 的带挂钩提手带（1 根），10cm 长带金属环的弹片口金（1 个）。

制作方法（单位：cm）

☆ 未注明缝份为 1cm

1. 缝制各部件

装饰布 A 和 B

沿长边方向向反面对折
连接侧 （反面）（正面）
8.5 [12] 3 [3] 无缝份
※ 按 [ ] 内长度的 2 倍缝制 B

口布
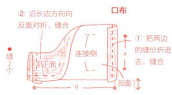

① 把两边的缝份折进去，缝合
② 沿长边方向向反面对折，缝合
连接侧（正面）（反面）
缝 2 个 4 9

2. 缝制表袋和里袋

表袋
① 把前面表布 a 和 b 拼接缝合，夹上装饰布 A，缝合
② 把碎布和标牌叠放在表布上，缝合
③ 把②完成的部分和底布缝在一起（夹上装饰布 B，缝合）
④ 贴上加棉黏合衬

开口侧 0.5 4 前面（正面） 碎布 装饰布 A（正面）标牌 无缝份 装饰布 B（正面）底布 4 11 5 10

后续缝制方法见 P.63 ➡

制作方法（单位：cm）

☆ 未注明缝份为1cm

P.61 滑动式手机壳
[见原大纸样 B 面]

材料（红色款） 外面·耳朵·连接布表布（30cm×20cm），内面·内口袋·连接布里布（30cm×20cm），垫布用毛毡（20cm×20cm），聚乙烯材料（35cm×20cm），直径为1cm的四合扣（1组），滑动配件（1个），标牌（1个），厚纸。

1. 缝制各部件

内口袋

① 把口袋口的缝份处向反面同一方向折三层，缝合

0.5 口袋口（反面） 0.5 / 0.5

② 把三个边的缝份都折起来

标签

① 把表布和里布合在一起，留出连接侧，缝合

连接侧 里布（反面） 表布（正面） 0.5

② 翻到正面，明线缝合

里布（正面）

③ 安上四合扣（凹）

耳朵

① 把两片布合在一起，留出连接侧，缝合

0.5 （反面） 连接侧

② 翻到正面，整理形状

（正面）

● 缝制 2 个

2. 缝制外面和内面

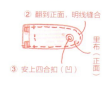

外面

② 把标牌缝上
③ 安上四合扣（凸）
（正面）
无缝份
（反面）
① 把垫布用胶水粘在中央位置
垫布（正面）

内面

口袋口
内口袋（正面）
（正面）
缝上内口袋

3. 收尾

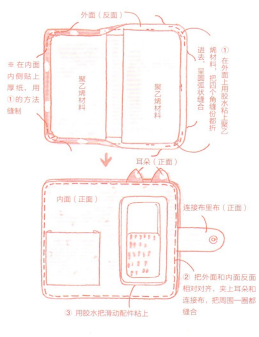

外面（反面）

※ 在内面内侧贴上厚纸，用①的方法缝制

聚乙烯材料 聚乙烯材料

① 在外面上用胶水粘上聚乙烯材料，把四个角缝份都折进去，呈圆弧状缝合

耳朵（正面）

内面（正面）
连接布里布（正面）

② 把外面和内面反面相对对齐，夹上耳朵和连接布，把周围一圈都缝合

③ 用胶水把滑动配件粘上

---

⑤ 把前面和后面正面相对对齐后，留出口袋口，缝合其余部分

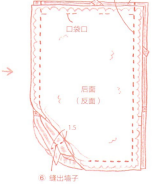

前面（正面）
口袋口
后面（反面）
1.5
⑥ 缝出墙子

3. 收尾

① 把表袋和里袋正面相对套在一起，把口布夹在中间缝合开口一侧

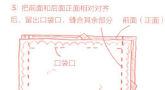

口布
表袋（反面）
里袋（反面）
返口

※ 里袋是用一块与表布一样尺寸的布裁的，用⑤⑥的方法缝（一侧留出5cm的返口）

③ 在口布中穿上弹片口金，将连接栓下侧用钳子折成环形

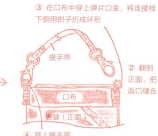

提手带
② 翻到正面，把返口缝合
口布
表袋（正面）
④ 穿上提手带

竖放也可使用

可调节高度的笔袋

随身携带的时候是伸展开的笔袋，
使用的时候又可以收缩起来竖着放笔。
以市面上售卖的商品为灵感来源的个性笔筒，
在内侧设 2 处细带使其可滑动，是它的设计亮点。

设 计 者：安川宫子（Miyako Yasukawa）
成品尺寸（伸展状态）：约高 18cm、宽 15.5cm
制作方法：P.67

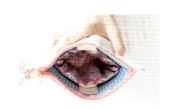

＼ 也可作为化妆包 ／

打开

背面

有盖更便利

手账笔袋

如果设计出在使用手账时能放进 3 件必需品的笔袋，
如荧光笔或者笔形状的橡皮等，记东西就更便利了。
盖子用细绳缠在纽扣上。

设　计　者：岩崎裕子（**Yuko Iwasaki**）
成品尺寸（闭合状态）：约高 17cm、宽 4cm
制作方法：P.66

让手缝变得很有趣

缝纫工具包

右边的小口袋可放入小剪刀和线，
左边是心形针插。
把这么可爱的缝纫工具包放在手提包里，
女人味儿也会大幅提升！

设　计　者：平松千贺子（**Chikako Hiramatsu**）
成品尺寸（闭合状态）：
约高 11 cm、宽 12cm
制作方法：P.66

打开

小剪刀用丝带固定

P.65 **手账笔袋**　　　　　　　　　　　**制作方法（单位：cm）**

☆ 缝份为 0.7cm

1. 缝制各部件

材料 表布 a（10cm×15cm），表布 b·松紧布（20cm×35cm），里布（10cm×45cm），加棉黏合衬（10cm×45cm），1.5cm 宽的松紧带（35cm），0.3cm 宽的皮革带（15cm），直径为 1.8cm 的花形纽扣（1 个），直径为 0.8cm 的木珠（1 个），花纹蕾丝布。

2. 缝制主体并收尾

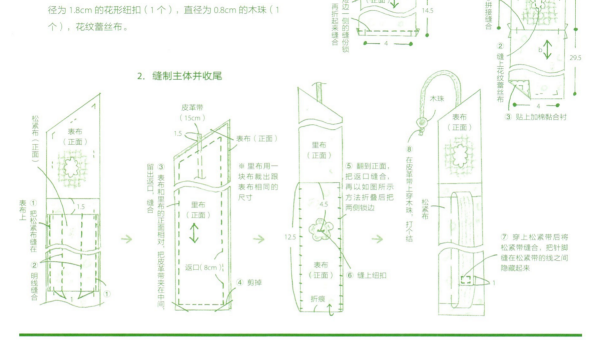

松紧布

把短边一侧的缝份锁边，再折起来缝合

（正面） 14.5

4

表布（正面） 9 6

① 把 a 和 b 拼接缝合 a
② 缝上花纹蕾丝布 b 29.5
③ 贴上加棉黏合衬 4

松紧布（正面）
表布（正面）
表布上
① 把松紧布缝在
② 明线缝合
1.5

留出返口缝合
表布（正面）
里布（正面）
里布用一块布裁出跟表布相同的尺寸
皮革带（15cm）
1.5
表布和里布的正面相对，把皮革带夹在中间
④ 剪掉
返口（8cm）

里布（正面）
表布（正面）
4.5
12.5
⑤ 翻到正面，把返口缝合，再以如图所示方法折叠后把两侧锁边
⑥ 缝上纽扣
折痕

木珠
表布（正面）
松紧布
⑧ 在皮革带上穿木珠，打个结
⑦ 穿上松紧带后将松紧带缝合，把针脚缝在松紧带的线之间隐藏起来
1

P.65 **缝纫工具包**

[见原大纸样 A 面]

材料 外面·内面（40cm×20cm），口袋（15cm×15cm），针插用毛毡（10cm×10cm），加棉黏合衬（25cm×15cm），2.8cm 宽的包边条（65cm），0.3cm 宽的丝带（25cm），50cm 长的平头拉链（1 根），棉花。

制作方法（单位：cm）

☆ 未注明缝份为 1cm

3. 缝内面并收尾

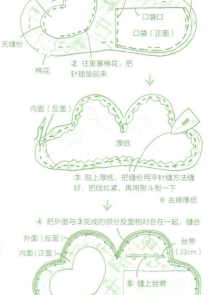

① 缝上口袋，简易固定
针插（正面）
内面（正面）
口袋口
口袋（正面）
无缝份
棉花
② 往里塞棉花，把针插垫起来

内面（反面）
厚纸
③ 贴上厚纸，把缝份用平针缝方法缝好，把线拉紧，再用熨斗熨一下
※ 去掉厚纸

外面（反面）
内面（正面）
丝带（22cm）
④ 把外面与 ③ 完成的部分反面相对合在一起，缝合
⑤ 缝上丝带

包边的方法
把包边条与目标布正面相对缝合
无缝份
包边条（反面）
0.7
（正面）
把布边包起来
包边条（正面）

1. 缝制口袋
把左侧的缝份折起来后，向反面对折，在口袋口处明线缝合
口袋口折痕
（正面）
（反面）
0.5

2. 缝制外面

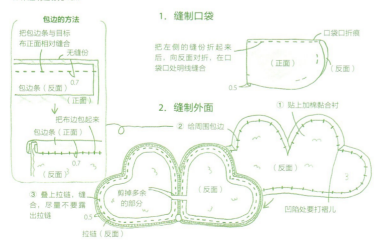

① 贴上加棉黏合衬
② 给周围包边
（反面）
③ 叠上拉链，缝合，尽量不要露出拉链
0.7
（反面）
剪掉多余的部分
（反面）
凹陷处要打褶儿
0.5
拉链（反面）

制作方法（单位：cm）

P.64 可调节高度的笔袋

[见原大纸样 B 面]

材料（蓝色款） 外袋表布（35cm×20cm），外袋里布（35cm×20cm），内袋表布 a（20cm×30cm），内袋表布 b · 内袋里布 · 装饰布（35cm×35cm），包边布（2 种，均为 5cm×15cm），1.4cm 宽的两折包边条（25cm），2.5cm 宽的细带（25cm），15cm 长的拉链（1 根），精致的饰品，厚纸。

☆ 未注明缝份为 1cm

1. 缝制外袋

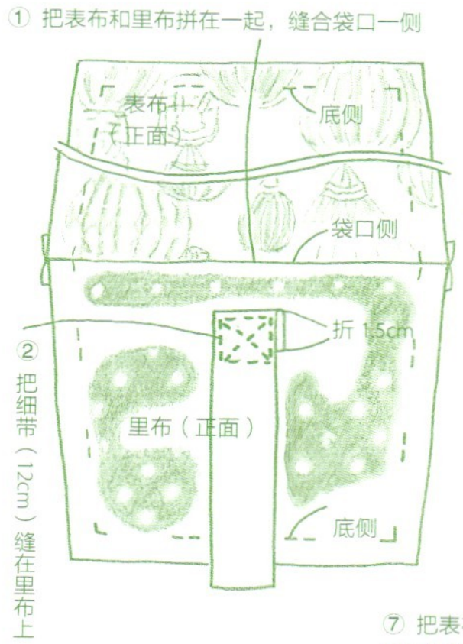

① 把表布和里布拼在一起，缝合袋口一侧
表布（正面）
底侧
袋口侧
折 1.5cm
里布（正面）
底侧
② 把细带（12cm）缝在里布上

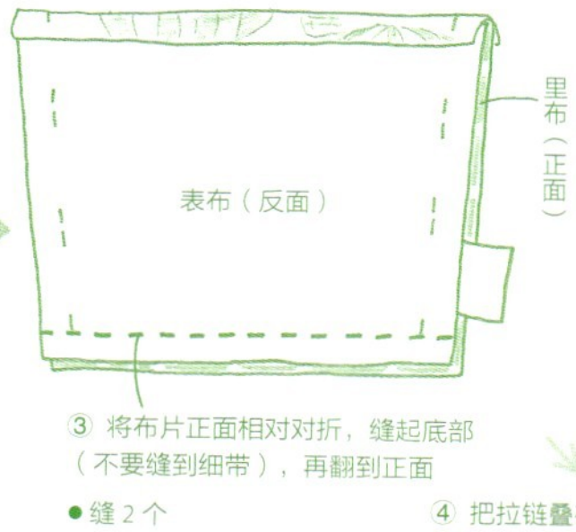

里布（正面）
表布（反面）
③ 将布片正面相对对折，缝起底部（不要缝到细带），再翻到正面
● 缝 2 个

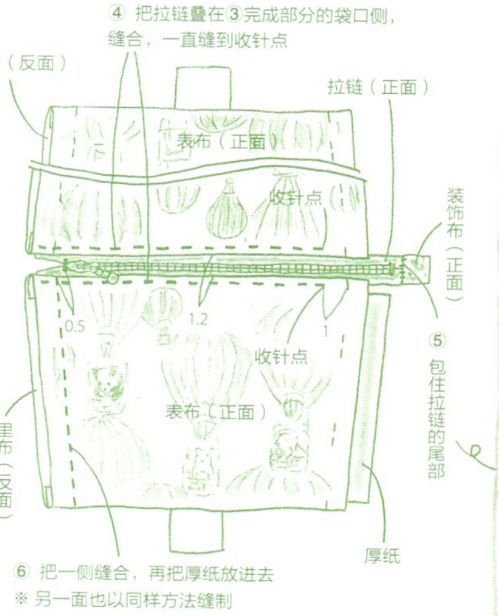

④ 把拉链叠在③完成部分的袋口侧，缝合，一直缝到收针点
里布（反面）
拉链（正面）
表布（正面）
收针点
装饰布（正面）
0.5
1.2
1
收针点
表布（正面）
里布（反面）
⑤ 包住拉链的尾部
厚纸
⑥ 把一侧缝合，再把厚纸放进去
※ 另一面也以同样方法缝制

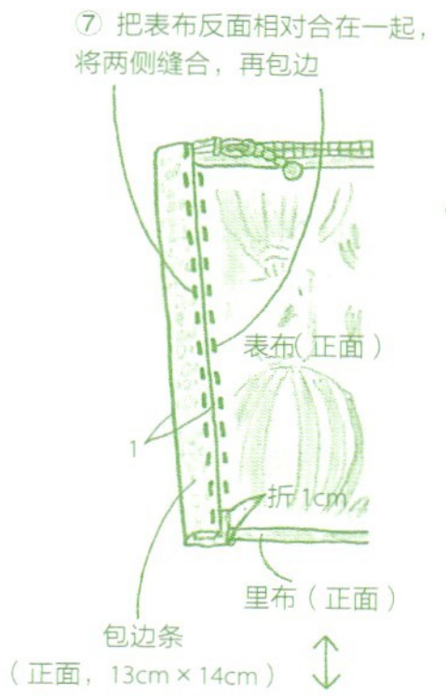

⑦ 把表布反面相对合在一起，将两侧缝合，再包边
表布（正面）
1
折 1cm
里布（正面）
包边条（正面，13cm×14cm）

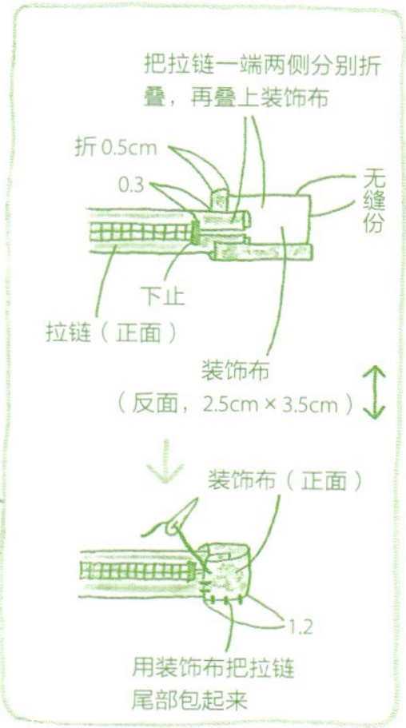

把拉链一端两侧分别折叠，再叠上装饰布
折 0.5cm
0.3
无缝份
下止
拉链（正面）
装饰布（反面，2.5cm×3.5cm）
装饰布（正面）
1.2
用装饰布把拉链尾部包起来

2. 缝制内袋

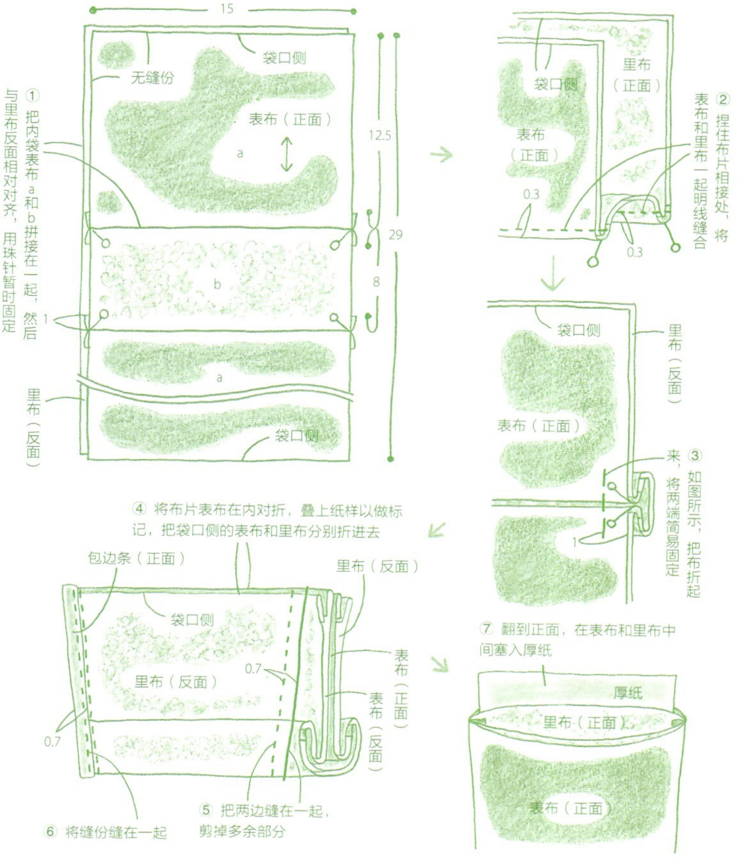

15
无缝份
袋口侧
表布（正面）
a
12.5
29
8
b
1
a
袋口侧
① 把内袋表布 a 和 b 拼接在一起，然后与里布反面相对对齐，用珠针暂时固定
里布（反面）
袋口侧
里布（正面）
表布（正面）
0.3
0.3
② 捏住布片相接处，将表布和里布一起明线缝合
袋口侧
里布（反面）
表布（正面）
1
③ 如图所示，把折起来，将两端简易固定
④ 将布片表布在内对折，叠上纸样以做标记，把袋口侧的表布和里布分别折进去
包边条（正面）
里布（反面）
袋口侧
里布（反面）
0.7
0.7
表布（正面）
表布（反面）
⑤ 把两边缝在一起，剪掉多余部分
⑥ 将缝份缝在一起
⑦ 翻到正面，在表布和里布中间塞入厚纸
厚纸
里布（正面）
表布（正面）

3. 收尾

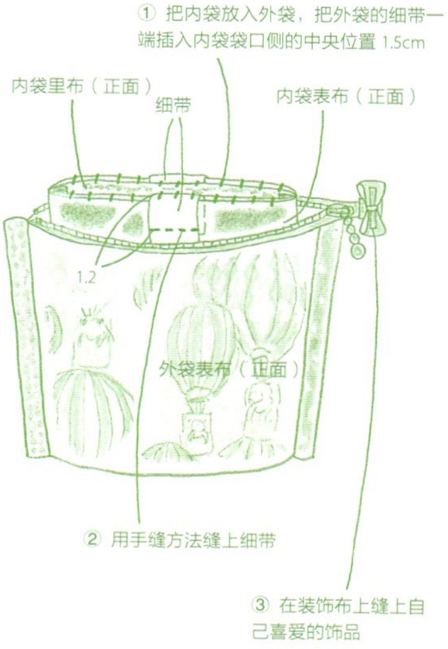

① 把内袋放入外袋，把外袋的细带一端插入内袋袋口侧的中央位置 1.5cm
内袋里布（正面）
细带
内袋表布（正面）
1.2
外袋表布（正面）
② 用手缝方法缝上细带
③ 在装饰布上缝上自己喜爱的饰品

将拉链作为蝴蝶身体

蝴蝶形包包

这款结合粉彩色调布料的可爱包包，
将拉链作为蝴蝶的身体，是其新颖之处。
使用弹性十足的皮革小细带作为触角，
边缘处用蕾丝花边营造蝴蝶的轻盈之感。

设 计 者：田卷由衣（**Yui Tamaki**）
成品尺寸：约长 16cm、高 9cm，墙子宽 6cm
制作方法：P.71

背面

被柔软治愈

兔子小钱包

柔软的兔子形状的口金小钱包，
每次放入或者拿出硬币时都如同露出笑容。
因为毛毛很长，在安口金的时候，
用锥子将布料牢牢按进去是关键。

设 计 者：本间里美（Satomi Honma）
成品尺寸：约高 9.5cm、宽 12cm
制作方法：P.71

内部

背面

毛皮花纹是主角

小鹿包包

毛皮部分在前面，
背面是用不同素材的布料
缝合而成的小钱包。
因为像毛皮这样厚的材料，
做出来的成品会变小，
所以要做得大一些。

设 计 者：菊池明子（Akiko Kikuchi）
成品尺寸：约高 14cm、宽 22.5cm，墙子约宽 4cm
制作方法：P.70

P.69 **小鹿包包**

[贴花见原大纸样 A 面]

材料 前面表布 a（25cm×25cm），前面表布 b・装饰用人造毛
皮（25cm×25cm），后面表布・内口袋（35cm×45cm），
里布（35cm×40cm），加棉黏合衬（35cm×45cm），贴
花布，双面黏合衬，襻用合成革（10cm×5cm），1.8cm
宽的蕾丝花边（20cm），3.2cm 宽的蕾丝花边（30cm），
0.3cm 宽的仿麂皮布（20cm），24cm 长的拉链（1 根），2.5cm
宽的 D 字环（1 个），直径为 1.2cm 的铆钉（1 组），直径
为 0.5cm 的圆环（1 个），直径为 0.3cm 的圆环（1 个），
链子（10cm），标牌，精致的蕾丝花边。

制作方法（单位：cm）

☆ 未注明缝份为 1cm

1. 缝制表布和里布

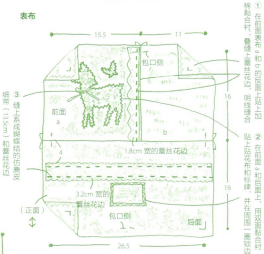

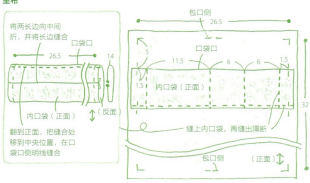

2. 收尾

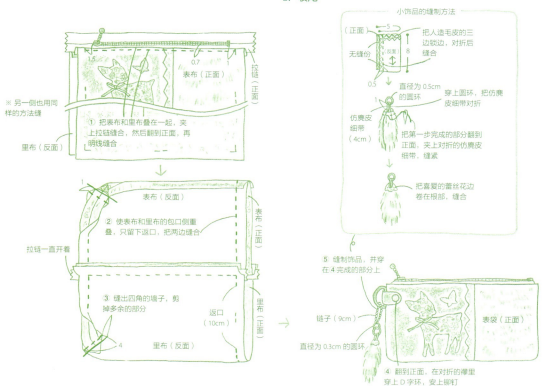

70

P.68 蝴蝶形包包

[见原大纸样 A 面]

材料 侧面用毛毡（25cm×20cm），墙子用毛毡（40cm×10cm），贴花布（25cm×20cm），0.3cm 宽的皮革细带（15cm），1.5cm 宽的蕾丝花边（80cm），9cm 长的拉链（1 根）。

制作方法（单位：cm）

☆ 未注明缝份为 1cm

1. 缝制侧面

① 在侧面上叠上贴花布，用缝纫机锁边绣缝合

用喜爱的装饰线锁边绣

贴花布（正面）

侧面（正面）

0.7

无缝份

蕾丝花边（反面）

包口侧

0.5

② 把蕾丝花边缝住

● 左右对称地再缝一个侧面

③ 把其中一个侧面和拉链正面相对叠在一起，缝合包口侧

侧面（正面）

0.7

0.5

拉链（反面）

④ 把拉链和另一个侧面用 3 的方法缝合

侧面（正面）   侧面（正面）

0.7

拉链（正面）

2. 收尾

① 两头打结，对折后缝在墙子包口侧的上部

把皮革细带（13cm）的

折痕 0.5

皮革细带

0.5

墙子（正面）

② 把侧面和墙子正面相对对齐，避开拉链，留出包口侧，缝合

侧面（正面）   墙子（反面）

侧面（反面）

拉链一直拉开

包口侧

③ 把拉链的上下端和墙子的包口侧缝合

墙子（正面）

侧面（反面）   侧面（反面）

④ 翻到正面，整理形状

侧面（正面）

墙子（正面）

制作方法（单位：cm）

☆ 无缝份

1. 缝制主体

里布（正面）

0.5

① 缝出褶子

包口侧

收针点   收针点

表布（反面）

往另一方向折

● 缝 2 个

② 把表布和里布正面相对对齐，缝合包口侧

表布（正面）

0.5

表布（反面）   表布（正面）

包口侧

收针点   收针点

里布（反面）

返口

里布（正面）

0.5

③ 分别把 2 完成的两个侧面叠在一起，里布上留出返口，把包口侧以外的地方都缝合

P.69 兔子小钱包

[见原大纸样 A 面]

材料 主体表布·耳朵表布用人造毛皮（35cm×20cm），主体里布（30cm×15cm），耳朵里布（10cm×10cm），直径 0.8cm 的玫瑰花珠子（3 个），直径为 0.5cm 的珠子（2 个），1.6cm 宽的丝带（20cm），口金（宽 7.5cm、高 4cm），8 号刺绣线，纸绳，棉花。

2. 收尾

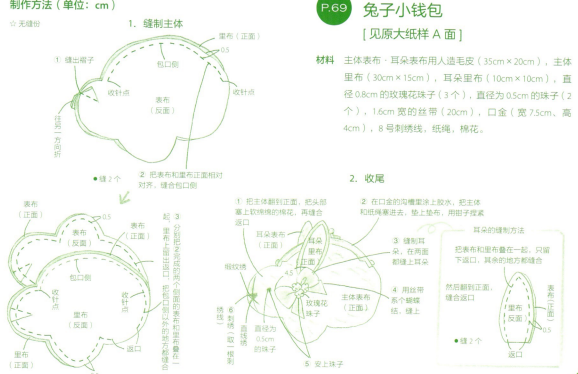

① 把主体翻到正面，把头部塞上软绵绵的棉花，再缝合返口

耳朵表布（正面）   耳朵里布（正面）

缎纹绣

4.5

玫瑰花珠子

绣线

直线绣（取一根刺绣线）

直径为 0.5cm 的珠子

⑤ 安上珠子

② 在口金的沟槽里涂上胶水，把主体和纸绳塞进去，垫上垫布，用钳子捏紧

③ 缝制耳朵，在两面都缝上耳朵

主体表布（正面）

④ 用丝带系个蝴蝶结，缝上

耳朵的缝制方法

把表布和里布叠在一起，只留下返口，其余的地方都缝合

然后翻到正面，缝合返口

表布（正面）

里布（反面）

0.5

● 缝 2 个

返口

\ 打开 /

内部 /

五颜六色的食材很逼真

三明治包

松软的面包是毛巾布，鸡蛋是黄色的拉链。
露出的生菜也是非常生动形象的独特设计。
面包的一周都围了拉链，
可以最大限度地将其打开。

设 计 者：田卷由衣（Yui Tamaki）
成品尺寸：约高 7cm、宽 5cm、厚 2.5cm
制作方法：P.75

背面 /

追求华夫饼质地的"真实感"

冰淇淋包

华夫饼质地的蛋卷筒趣味十足。
选用毛毡和珠子等活泼的材料打造出了夏天的感觉。
因为是竖长的包包，
放入刷子和防晒霜等都没有问题。

设 计 者：富村忍（Shinobu Tomimura）
成品尺寸：约高 15.5cm、宽 8.5cm
制作方法：P.74

衣服形状的设计独具特色

T 恤包

简单缝制的一款拉链小包，T恤形状大大增加吸引力。

您可以像设计师一样享受选择材料、纽扣和小口袋等的快乐。

这款小包十分合适作为礼物。

设 计 者：**清水友美（Tomomi Shimizu）**
成品尺寸：约高 9.5cm、宽 7cm、墙子约宽 3cm
制作方法：P.75

冰淇淋包
[见原大纸样 A 面]

材料　表布 a（25cm×10cm），表布 b（华夫饼质地，25cm×25cm），里布（25cm×20cm），
贴花用毛毡（2种），2.5cm 宽的蕾丝花边（15cm），1.2cm 宽的丝带（20cm），0.5cm
宽的丝带（5cm），15cm 长的拉链（1根），精致的珠子（若干），标牌。

制作方法（单位：cm）

☆ 未注明缝份为 1cm（贴花布无缝份）

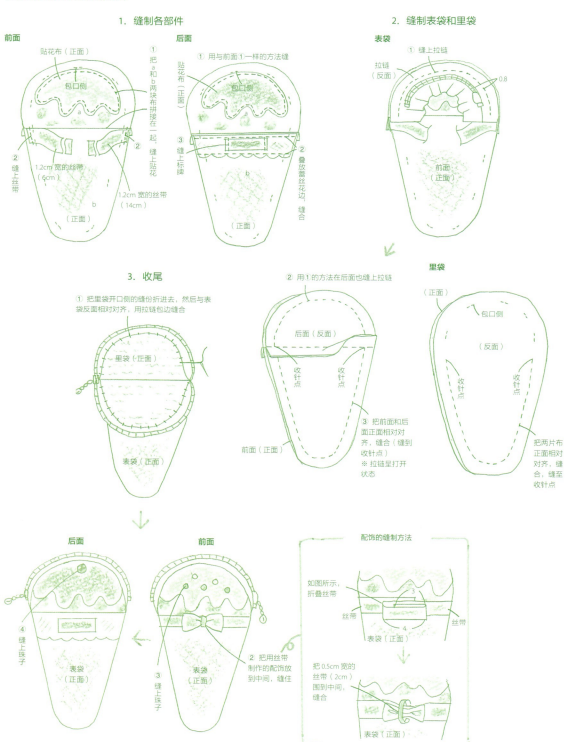

1. 缝制各部件

前面

贴花布（正面）
包口侧
① 把 a 和 b 两块布拼接在一起，缝上贴花
a
② 缝上丝带
1.2cm 宽的丝带（6cm）
1.2cm 宽的丝带（14cm）
b
（正面）

后面

① 用与前面①一样的方法缝
贴花布（正面）
包口侧
a
② 缝上标牌
② 叠放蕾丝花边，缝合
b
（正面）

2. 缝制表袋和里袋

表袋

① 缝上拉链
拉链（反面）
0.8
前面（正面）

3. 收尾

① 把里袋开口侧的缝份折进去，然后与表袋反面相对对齐，用拉链包边缝合

里袋（正面）

表袋（正面）

② 用①的方法在后面也缝上拉链

后面（反面）
收针点　收针点
前面（正面）
③ 把前面和后面正面相对对齐，缝合（缝到收针点）
※ 拉链呈打开状态

里袋

（正面）
包口侧
（反面）
收针点
收针点
把两片布正面相对对齐，缝合，缝至收针点

后面

④ 缝上珠子
表袋（正面）

前面

①
② 把用丝带制作的配饰放到中间，缝住
③ 缝上珠子
表袋（正面）

配饰的缝制方法

如图所示，折叠丝带
丝带
丝带
④
表袋（正面）

把 0.5cm 宽的丝带（2cm）围到中间，缝合
表袋（正面）

P.73 T恤包

[见原大纸样A面]

材料（黄色款） 表布（40cm×20cm），里布（20cm×30cm），
贴花布，加棉黏合衬（35cm×15cm），黏合衬（5cm×5cm），
直径为0.9cm的纽扣（2个），12cm长的拉链（1根）。

制作方法（单位：cm）

☆ 未注明缝份为1cm

1. 缝制表袋

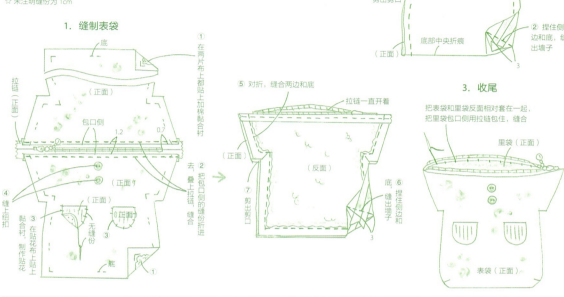

① 在两片布上都贴上加棉黏合衬

底

拉链（正面）

（正面）

包口侧

1.2　0.7

② 把包口侧的缝份折进去

叠上拉链，缝合

④ 缝上纽扣

③ 在贴花布上贴上黏合衬，制作贴花

（正面）

（正面）

无缝份

底

① ⑤ 对折，缝合两边和底

拉链一直开着

（反面）

（正面）

⑥ 捏住侧边和底，缝出墙子

⑦ 剪出剪口

2. 缝制里袋

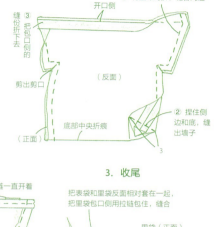

① 将里布对折，缝合两边

开口侧

缝份折下去

把包口侧的缝份折下去

剪出剪口

（反面）

底部中央折痕

（正面）

② 捏住侧边和底，缝出墙子

3. 收尾

把表袋和里袋反面相对套在一起，把里袋包口侧用拉链包住，缝合

里袋（正面）

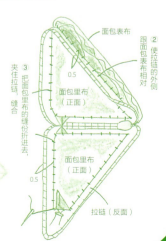

表袋（正面）

制作方法（单位：cm）

☆ 未注明缝份为0.7cm

1. 缝制各部件

面包表布

② 把①完成的部分和另一片布正面相对齐，留出返口，其余的部分都缝合

（正面）

（反面）

① 在一片布上贴上加棉黏合衬

缝2个

③ 翻到正面，缝合返口

返口

拉链

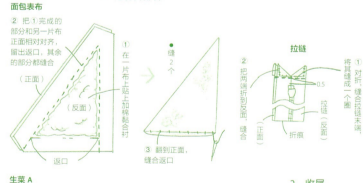

② 把两端折到反面，缝合

① 将其缝成一个圈

拉链

对折，缝合拉链末端

拉链（反面）

折痕

0.5

生菜A

① 对折，留出返口，把其余部分都缝合

折痕

（反面）

折痕

（正面）

② 翻到正面，缝合返口

返口

缝2个

0.5

（正面）

③ 平针缝，拉紧线，将布缩到7cm长

2. 收尾

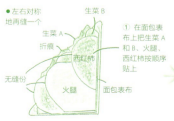

● 左右对称地再缝一个

生菜B

生菜A

折痕

西红柿

无缝份

火腿

面包表布

① 在面包表布上把生菜A和B、火腿、西红柿按顺序贴上

P.72 三明治包

[见原大纸样A面]

材料（右侧款） 面包表布（毛巾布，25cm×20cm），面包里布（25cm×10cm），生菜A（20cm×15cm），生菜B用毛毡（10cm×10cm），火腿和鸡蛋用毛毡（均为10cm×5cm），加棉黏合衬（20cm×10cm），20cm长的拉链（1根）。

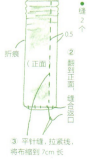

面包表布

② 使拉链的外侧跟面包表布相对缝合

③ 把面包里布的缝份折进去

夹住拉链，缝合

0.5

面包里布（正面）

0.5

面包里布（正面）

0.5

拉链（反面）

在可爱外形上添加珠子

栗子小钱包

这是每次从小包里拿出硬币，
都会忍不住扑哧一声笑出来的好玩的栗子形小钱包。
配合栗子茶色系的颜色，用珠子增添其华丽程度。
前面和后面的处理方式略有变化。

设 计 者：中泽美智子（Michiko Nakazawa）
成品尺寸：约高 7cm、宽 7cm、墙子约宽 1.5cm
制作方法：P.78、P.79

最喜欢亮晶晶了
优雅首饰包

把喜欢的复古蕾丝花边和花布贴在白色的拼接布上。
这是一款虽迷你却存在感十足的首饰包。
包中有固定戒指和耳钉的位置。

设 计 者：本间里美（Satomi Honma）
成品尺寸（闭合状态）：直径约为 8cm
制作方法：P.79

\ 打开 /

背面 /

表现复活节的华丽
彩蛋包

根据墙子宽度把它缝成椭圆形，
做成迷你鸡蛋的样子。
复活节特有的色彩搭配，
蝴蝶结和立体花非常招人喜爱。

\ 在拉链上系上丝带 /

设 计 者：川崎贵子（Takako Kawasaki）
成品尺寸：约高 5cm、宽 4cm，墙子约宽 3cm
制作方法：P.78

P.77 彩蛋包

制作方法（单位：cm）

☆ 缝份为0.5cm

材料（黄色款） 表布a（15cm×10cm），
表布b·墙子表布（20cm×10cm），
里布（25cm×15cm），7cm长的拉
链（1根），1cm宽的蕾丝花边(5cm)，
0.5cm宽的丝带（10cm），喜欢的
蕾丝花边和装饰物。

1. 缝制表袋

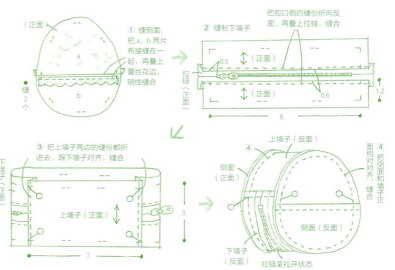

[原大纸样]

缝份为0.5cm

侧面
（表布、里布各2片）

表布拼接线
（缝份为0.5cm）

2. 缝制里袋

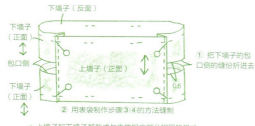

① 把下墙子的包口侧的缝份折进去

② 用表袋制作步骤③④的方法缝制

☆ 上墙子和下墙子都裁成与表袋相应部分相同的尺寸

3. 收尾

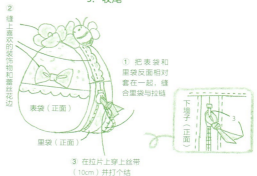

② 缝上喜欢的装饰物和蕾丝花边

① 把表袋和里袋反面相对套在一起，缝合里袋与拉链

③ 在拉片上穿上丝带（10cm）并打个结

P.76 栗子小钱包

[见原大纸样B面]

制作方法（单位：cm）

☆ 未注明缝份为0.5cm

1. 缝制主体

材料 表布a·墙子·装饰布（20cm×
20cm），表布b（20cm×10cm），
里布（15cm×25cm），棉衬
（25cm×15cm），9cm长的拉
链（1根），珠子（若干）。

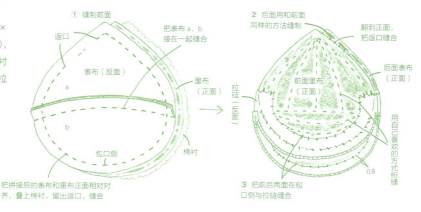

① 缝制前面

返口

把表布a、b接在一起缝合

表布（反面）

里布（正面）

a

b

包口侧

棉衬

把拼接后的表布和里布正面相对对齐，叠上棉衬，留出返口，缝合

② 后面用和前面同样的方法缝制

翻到正面，把返口缝合

后面表布（正面）

前面里布（正面）

用自己喜欢的方式绗缝

③ 把前后两面在包口侧与拉链缝合

后续缝制方法见 P.79 ➡

制作方法（单位：cm）

☆ 未注明缝份为 0.5cm

1. 缝制各部件

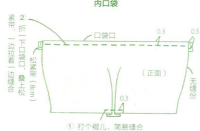

连接布

丝带（反面）
3
丝带（正面）

把两片 3cm 宽的
丝带反面相对对齐，
把上下两边
缝合

内口袋

口袋口
0.3　0.5

松紧带（8cm）

（正面）

无缝份

折一下口袋口
紧带一边拉着一边缝合

0.3

① 打个褶儿，简易缝合

戒指托

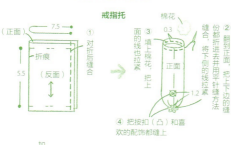

（正面）
7.5
①
对折后缝合

折痕

5.5

（反面）

棉花

③
填上棉花，把面的线也拉紧

缝份都折进去并用平针缝方法

② 翻到正面，把上下边的缝

0.3

正面

1.2

④ 把按扣（凸）和喜欢的配饰都缝上

2. 缝制主体

前面

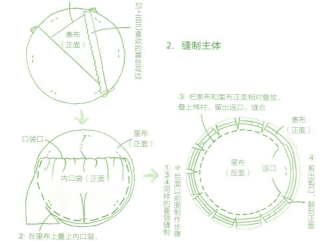

① 拼布

表布（正面）

加上自己喜欢的蕾丝花边

口袋口

里布（正面）

2

内口袋（正面）

② 在里布上叠上内口袋，缝合，剪掉多余的部分

③ 把表布和里布正面相对叠放，叠上棉衬，留出返口，缝合

表布（正面）

里布（反面）

返口

① ※ 后面以前面制作步骤制作

④ 剪出剪口

翻到正面

材料　拼接布，里布·戒指托（25cm×20cm），内口袋（20cm×10cm），棉衬（25cm×15cm），耳钉托用毛毡（5cm×5cm），3cm 宽的丝带（10cm），2cm 宽的丝带（20cm），直径为 0.7cm 的按扣（2 组），0.7cm 宽的松紧带（10cm），喜欢的蕾丝花边和配饰，25 号刺绣线，棉花。

3. 收尾

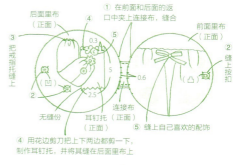

后面里布（正面）

④

⑤

① 在前面和后面的返口中夹上连接布，缝合

前面里布（正面）

③

0.3

⑥

把戒指托缝上

（凹）

② 缝上按扣

2.5

0.6

（凸）

无缝份　耳钉托（正面）　连接布（正面）

④ 用花边剪刀把上下两边都剪一下，制作耳钉托，并将其缝在后面里布上

⑤ 缝上自己喜欢的配饰

前面表布（正面）

后面表布（正面）

⑦ 把 2cm 宽的丝带（17cm）像图上这样折叠，缝在前面表布上

5

折痕

折痕

3

⑥ 在表布上缝上自己喜欢的刺绣图案，再缝上自己喜欢的配饰

---

2. 缝制墙子

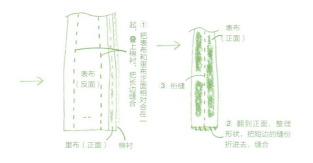

叠上棉衬，把长边缝合

① 把表布和里布正面相对合在一起

表布（反面）

里布（正面）　棉衬

表布（正面）

③ 绗缝

② 翻到正面，整理形状，把短边的缝份折进去，缝合

3. 收尾

① 把主体和墙子对齐，用立针缝方法缝合

② 按喜欢的花形缝珠子

前面表布正面

墙子（正面）

折痕

③ 把装饰布短边的缝份折起来，正面在外对折，夹上拉链的拉片缝合

装饰布（反面）

3

把长边的缝份折起来

1

制作方法

虽然不用特殊工具也可以缝制包包，但是用便捷的工具可以更快地缝出好看的作品。

另外，选择与布料匹配的线和针，也可以缝得更快更结实。

制作包包用的工具和配件

裁布剪刀

裁开大块布的时候使用。（©）

小剪刀

在进行剪线头等精细作业时使用。（©）

锥子

左：因为尖端有点儿弯曲，可以在想要作品的边角处很整齐利落的时候使用。（©）

右：除了可以打孔，也可以辅助缝纫机送布。

裁衣粉笔

在布上描纸样或者画印迹的时候使用。时间久了或者清洗后笔迹就会消失。（©）

串带器

穿细绳或者松紧带的时候使用。（©）

钳子

固定弹簧口金的螺丝时使用。尖嘴的钳子更好用。

缝衣针

进行缝合返口或者缝纽扣等手工作业时使用。（©）

缝纫机针

一般材质的布料用 11 号针。薄布料用 9 号针，厚的用 14 号针。布越厚，号数也应跟着增加。（©）

珠针、针插

珠针是在缝东西之前把布固定住用的小工具。针插也有戴在手腕上的类型。（©）

固定夹

在缝东西时，遇到用珠针很难固定的材质时，可使用固定夹。（©）

布用胶水

在贴布或者安装口金的时候使用。也有用于精细作业时使用的极细嘴型的胶水。（©）

拉链压脚

用缝纫机缝拉链时的专用压脚。（Ⓑ）

J 压脚

适用于普通布料的压脚，是缝纫机的附属配件。（Ⓑ）

拉链

拉链材质有金属和树脂等，还有隐形的和柔软可根据需求裁开的类型，种类繁多。

口金

除了大小和材质不同的，还有圆形的和方形的，插入型和缝制型等，品种多样。通常会附带使用所需的纸带。（Ⓘ）

弹片口金

在材料中穿弹片，用螺钉固定。粗细长短不同，各种各样的都有，也有在螺钉上加个帽，可安装提手带的类型。

支架口金

想要大开口的设计时使用。有各种各样的型号。

口金专用工具

口金专用塞布器

用塑料头支撑口金，用"L"形的一头把布和纸绳塞进口金沟槽的专用工具。

口金专用加工钳

可不使用垫布，钳口有树脂垫，使用时便于观察的专用钳子。

素材分类、缝纫方法一览表

材料	针和线	便利的小工具和缝纫方法

普通材料

 11 号

 60 号

珠针

棉布（薄料）

 9 号

90 号

※ 在材料反面贴黏合衬，或者缝合厚布的时候，使用 11 号的针、60 号的线。

11 号帆布（厚料）

14 号

60 号

※ 缝更厚的 8 号帆布时，用 16 号的针、30 号的线。

※ 缝厚度不同的材料时，最好在反面贴上黏合衬。因为胶水可能会渗出，把牛皮纸光滑的一面和黏合衬合在一起变成垫布，会比较好。

J 压脚

羊绒

※ 对于边容易开线的材料，一裁开就锁边。

摇粒绒、人造毛皮

 11 号

60 号

固定夹

※ 用珠针不容易扎穿的材料或者不想在材料上打孔的时候，使用这个固定夹就很方便。在内侧有刻度，用以明确缝份尺寸。

※ 对于有毛的材料，注意在缝合的时候尽量不要把毛缝到缝份侧，缝完之后用锥子把毛挑出来。

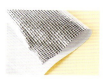

保温层

※ 材料很重或者很厚的时候，将针换成 14 号的，线用 60 号的。

※ 在保温保冷层夹上图样纸再缝更好。

※ 撕下描图纸的时候，注意要用手指压住针脚，不要让线被拉起来。针脚长度约为 4mm。

胶合布、尼龙布

特氟龙压脚

※ 在材料会粘在金属压脚上，不好缝的时候使用。使用它不会拉伸布料。

※ 用硅胶笔在缝份的部分涂一下，就会缝得很顺滑。可以夹上线或者描图纸。

皮革

 14 号

30 号

弹性口袋的缝制方法
[见原大纸样 A 面]

先分开缝表袋和内袋，之后再把它们缝在一起，
这是最基础的缝制方法。

单位：cm

材料

1. 主体表布、里布……均为 25cm×35cm
2. 前后口袋……25cm×55cm
3. 后口袋底座……25cm×25cm
4. 加棉黏合衬……25cm×35cm
5. 18cm 长的拉链……1 根
6. 0.5cm 宽的扁平松紧带……20cm
7. 1.5cm 宽的蕾丝花边……20cm
8. 喜欢的配饰……1 个

---

1 裁布

主体表布
主体里布
加棉黏合衬

前口袋

后口袋上　13
后口袋下　11

后口袋底座　20

17　17

后口袋和口袋底座都按照图上的尺寸裁剪，其余的部分按原大纸样裁剪，每
一部分都有缝份。

● 关于缝份宽度，只有主体
表布和里布的拉链侧的缝份
为 0.7cm，其余的为 1cm。

主体表布（反面）
加棉黏合衬

在主体表布的反面，把裁好的加
棉黏合衬（无缝份）先贴上。

---

3 缝制表布的后面

① 口袋口侧（折痕）
后口袋底座
折向反面

把后口袋底座向反面对折，把底下的缝份折向反面。

---

2 缝制表布的前面

① 折痕　缝合　1.5
0.7
前口袋（正面）

把前口袋布向反面对折，缝合，缝出 2 道线迹，形
成松紧带的通道。

③ 主体表布（正面）
前口袋（正面）　袋口侧　缝合　1.5　底

把前口袋底的缝份折向反面，再将其叠在主体表布上
缝合。

② 简易固定　简易固定
前口袋（正面）

穿上扁平松紧带（17cm），把两边简易固定。

④ 用缝纫机缝
用缝纫机缝

把前口袋和主体的两边分别对齐，把缝份简易缝合。

② 后口袋上（正面）
折叠　折痕
折叠　后口袋下（正面）

把后口袋上和后口袋下向反面对折，把长边的缝份
折向反面。折痕侧是取东西的袋口侧。

③ 蕾丝花边　缝合
后口袋上（正面）　折痕
后口袋底座（正面）

把后口袋底座叠到后口袋上的上面，夹上蕾丝花边
缝合。

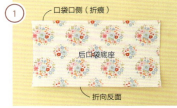

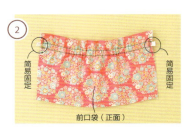
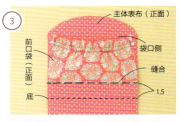

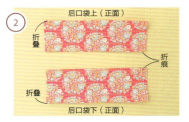
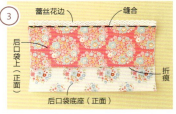

① 拉链（反面）
下止
主体表布前面（正面）

把主体表布前面的一端跟拉链的一端对齐（把拉链的下止放在右侧）。先用珠针把主体和拉链的中央固定，再顺次向两端固定。

① 主体表布（反面）

把主体对折，将边都对齐，用珠针固定。

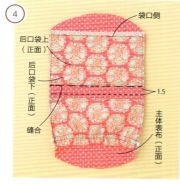

④ 袋口侧
后口袋上（正面）
后口袋下（正面）
缝合
1.5
主体表布（正面）

在 3 完成的口袋底座上叠上后口袋下，再将二者叠在主体表布正面，缝合。

② 0.5

把缝纫机的压脚换成拉链压脚，在距布边的 0.5cm 处缝合。头尾都缝好。

② 缝合
主体表布（反面）
1

把缝纫机的压脚换回 J 压脚，稍微拉开拉链，把两边缝合。拉链部分展开缝份缝合。

⑤ 用缝纫机缝
用缝纫机缝

把后口袋与主体的两边分别对齐，简易缝合缝份。

要点

如果主体包口袋侧的缝份宽度是 0.7cm 的话，在缝拉链的时候只要对齐布边就可以了，这样很简单。拉链的滑锁成为阻碍的时候，只要途中一边滑动一边缝就可以了。

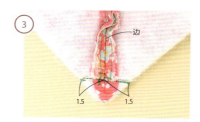

③ 边
1.5   1.5

把边和底的折线对齐，将两个底角折出三角形后缝合。

⑥

主体表布完成。

闭合拉链

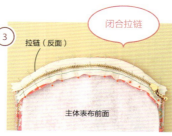

③ 拉链（反面）
主体表布前面

跟 1 一样，把主体表布后面的一端和拉链的一端对齐，用珠针固定。因为形状会扭曲，所以要把拉链合上。

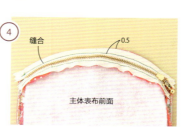

④ 缝合   0.5
主体表布前面

使拉链保持闭合状态，在距布边的 0.5cm 处缝合。头尾都要缝好。

④ 表袋（反面）

表袋完成。

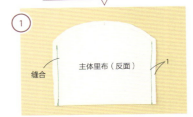

6 | 缝制里袋，收尾

① 缝合　主体里布（反面）　1

把主体里布对折，再把两边缝合。

② 里袋（正面）

跟表袋一样，缝制墙子，翻到正面。（参考 P.83 缝制表袋的③）

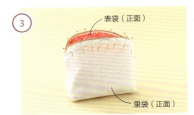

④ 立针缝　里袋（正面）

用立针缝方法把里袋缝合。

完成

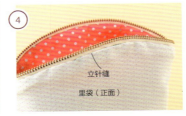

③ 表袋（正面）　里袋（正面）

把表袋和里袋反面相对套在一起，把里袋包口侧的缝份折进内侧，再用珠针把拉链的针脚藏起来。先用珠针把两边合起来，再顺次固定。

⑤ 配饰

翻到正面，在喜欢的位置缝上配饰。

改变前面的口袋样式

① 拼接　前口袋（正面）

把两片布料拼接在一起（缝份为1cm），缝制前口袋。把缝份向两边推开。

② 袋口侧（折痕）

把前口袋向反面对折，之后再跟 P.82 "缝制表布的前面" 的①及以后的步骤缝制。

收纳袋（大号）（P.6）的缝制方法

这款包采用在表布和里布的中间夹上拉链缝合，之后再一口气把边缝合的缝制方法。
在把布合在一起的时候，
注意不要把布和拉链的正反面弄错。

材料

① 底部表布……35cm×25cm
② 侧面表布……35cm×30cm
③ 主体里布……35cm×45cm
④ 口袋……25cm×30cm
⑤ 黏合衬……35cm×45cm
⑥ 40cm 长的平头拉链……1 根
⑦ 1.8cm 宽的蕾丝花边……70cm
⑧ 精致的标签……1 个

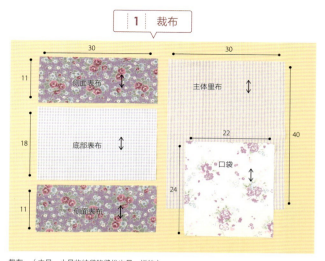

1　裁布

30

11　侧面表布

30

主体里布

18　底部表布

22

40

11　侧面表布

24　口袋

裁布。（中号、小号收纳袋的缝份也是一样的）
● 只有主体表布和里布拉链的一侧的缝份是 0.7cm，其余的都是 1cm。

2　缝制表布

① 缝合
侧面表布（反面）
底部表布（正面）

把底部表布和侧面表布叠放在一起，缝合。

② 包口侧
侧面表布（正面）
底部表布（正面）
侧面表布（反面）
包口侧

侧面表布（反面）
向底部折叠

把另一片侧面表布也缝好，将缝份向底部压下去。

③ 表布（反面）
黏合衬

把 2 完成部分的反面贴上裁好的黏合衬。

④ 标牌
表布（正面）
蕾丝花边

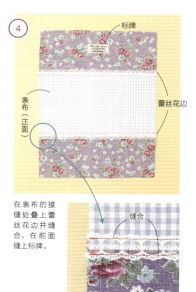

缝合

在表布的接缝处叠上蕾丝花边并缝合。在前面缝上标牌。

3　缝制里布

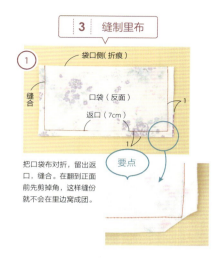

① 袋口侧（折痕）
缝合
口袋（反面）
返口（7cm）
1
要点

把口袋布对折，留出返口，缝合。在翻到正面前先剪掉角，这样缝份就不会在里边窝成团。

② 口袋（正面）

把 1 完成的部分翻到正面，整理形状。

③ 袋口侧
3
9
线迹
4
4
口袋（正面）　里布（正面）
缝合

要点

在里布叠上口袋并缝合，再缝出隔断。在包口侧的两个角上缝"コ"形会更结实。

④ 包口侧
里布（正面）
包口侧

里布完成。

4 缝上拉链

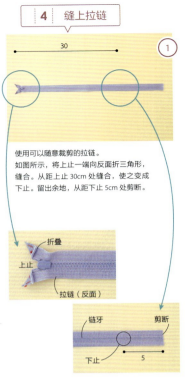

30

使用可以随意裁剪的拉链。
如图所示，将上止一端向反面折三角形，缝合。从距上止 30cm 处缝合，使之变成下止。留出余地，从距下止 5cm 处剪断。

折叠
上止
拉链（反面）

链牙　剪断
下止　　5

②

拉链（正面）

表布后面（反面）

把里布（口袋侧）和表布后面对齐，夹上拉链用珠针固定。把拉链的下止放在右侧，上止放在左侧。

要点

拉链（正面）

表布后面（正面）

里布口袋侧（正面）

③

0.7　　缝合

表布后面（反面）

拉开拉链，在距离布边 0.7cm 的地方缝合。

要点

④

里布（正面）

拉链（正面）

表布后面（正面）

翻到正面，上面放里布，下面放表布。

⑤

拉链（正面）　对齐

表布后面（正面）

里布（正面）

把里布向反面对折，把拉链的另一侧跟里布的折线处对齐。

⑥

对齐

拉链（正面）

表布前面（反面）

将表布向正面对折，在表布和里布中间夹上拉链。

⑦

拉链（正面）

表布前面（反面）

包口侧

表布（正面）

里布（正面）

拉开拉链，用珠针固定。从侧面看，表布、里布都呈对折状态。

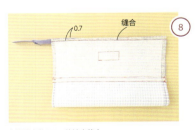

⑧

0.7　　缝合

在距离布边 0.7cm 的地方缝合。

---

5 缝制

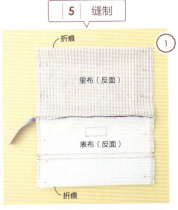

①

折痕

里布（反面）

表布（反面）

折痕

如图所示，使拉链位于中间，调整表布、里布的位置，两边用珠针固定。这时拉链要拉开一半。包口侧的缝份要压向表布一侧。

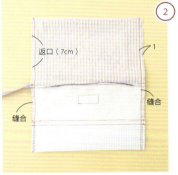

②

返口（7cm）　　1

缝合

缝合

拉链

在里布上留出返口，然后把表布和里布的边缝合。缝完之后把多出的拉链部分剪掉。

③

边

3

3

分别把表袋、里袋的边和底部折线对齐，将两底角折成三角形，缝出墙子。剪掉多余的部分。

 中号与小号收纳袋的
缝制方法也基本相同

材料

中号收纳袋材料
底部表布（25cm×20cm），侧面表布a（素布，20cm×15cm），侧面表布b（花布，35cm×15cm），6.8cm宽
的蕾丝花边A（15cm），5cm宽的蕾丝花边B（15cm），1.2cm宽的蕾丝花边C（15cm），里布（35cm×25cm），
口袋（20cm×25cm），黏合衬（25cm×35cm），30cm长的平头拉链（1根），喜欢的纽扣（1个）。

小号收纳袋材料
底部表布（20cm×15cm），侧面表布a（20cm×20cm），里布（20cm×25cm），黏合衬（20cm×25cm），
20cm长的平头拉链（1根），直径为1.2cm的纽扣（2个），喜欢的复古蕾丝布（1块），珍珠珠子（1个）。

━━━ 中号收纳袋 ━━━

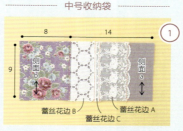

把按照A、B、C的顺序缝上蕾丝花边的侧面a和侧
面b拼接，明线缝合，缝制侧面。

将①完成的部分、底部和用一块布裁出来的另一个
侧面拼接缝合，再在反面贴上黏合衬，以此方法缝
制表布。

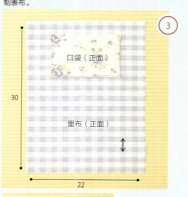

在里布（一片布）上，用
与大号收纳袋一样的缝制
方法（参考P85 缝制里布）
缝上口袋（没有隔断）。
之后的步骤就跟大号收纳
袋的一样了。

━━━ 小号收纳袋 ━━━

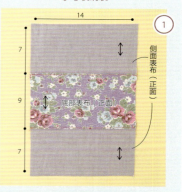

如图所示，把一片侧面表布和底部表布缝合，在反
面贴上黏合衬，以此方法制作表布。

在表布正面喜欢的位置缝上复古蕾丝布和珍珠珠子。

里布（没有口袋）实际面积是14cm×23cm，它是在
此基础上加上缝份，由一块布裁的。虽然之后制作
步骤就跟大号收纳袋的一样，但是表袋没有在反面
缝制墙子，直接翻到正面，将底角捏向外侧，缝上纽扣。

先从返口将里袋和表袋翻到正面，再缝合返口。把
里袋放进表袋，整理形状。

＼ 完成 ／

扁平收纳包（P.20）的缝制方法

[见原大纸样 B 面]

采用在表袋上制作一个带拉链的口袋的功能性设计。
因为不用制作墙子，所以操作更简单。

材料

① 表布、里布……均为 55cm×30cm
② 黏合衬……55cm×30cm
③ 口袋……30cm×25cm
④ 20cm 长的拉链……2 根
⑤ 复古蕾丝布……1 块

---

1 裁布

口袋（1 片）
表布·里布·黏合衬（各 2 片）

使用纸样，裁出各部分，缝份为 1cm。
· 未注明缝份为 1cm

---

2 缝制表袋

①
前面表布（正面）　后面表布（反面）

在表布的反面贴上黏合衬。在前面包口侧的成品线向下 9cm 处画上口袋位置的标记。

②
缝纫机锁边
把口袋口的缝份用缝纫机锁边，缝好之后将缝份折向反面。

③
从距拉链的链牙大约 0.3cm 处缝上口袋。先用珠针固定，再缝合。
0.3

④
口袋（反面）　缝合
前面表布（正面）

把前面表布的要缝口袋的位置和口袋的拉链对齐，绷紧，用缝纫机缝。缝时要把拉链的两头都折成三角形（参考 P.86 缝上拉链的步骤①）。

⑤
绷紧着缝合
0.5

把口袋翻到正面，把边缘绷紧，缝合。把包口侧缝份折向反面，用③的方法缝上拉链。

⑥
后面表布（正面）
0.1　0.1　2.5
前面表布（正面）

将后面表布与拉链缝合，在前面缝上复古蕾丝布。

⑦
拉链要先拉开
齐缝合
把边和底侧分别对

对齐

把 6 完成部分对折，使拉链两侧链牙对齐，把边和底侧缝合。这时候要先把拉链打开，缝份要压向后面一侧。

---

3 缝制里袋

①
1
把边和底侧缝合分别对齐后

把里布的包口侧的缝份折进去，用熨斗熨一下（使用熨斗标准模式很方便）。把缝份先打开，再从边开始缝合边和底侧。

②

把边和底侧的缝份折到前面（与表袋相反）。

③

把里袋翻到正面，将包口侧的缝份折进去，把表袋塞进里袋，缝合拉链一侧。

P.8 手机包、相机包

[包盖的纸样见原大纸样 A 面]

剪裁图和制作方法（单位：cm）

剪裁图

横款

材料（粉色横款） 前面表布 b · 后面表布 · 口袋（65cm×20cm），前面表布 a · 包盖表布 · 提手带（20cm×30cm），里布（30cm×30cm），加棉黏合衬（30cm×30cm），薄黏合衬（10cm×30cm），2.5cm 宽的魔术贴（5cm），直径为 1.2cm 的花形纽扣（1 个），直径为 1cm 的四合扣（1 组），直径为 0.6cm 的按扣（1 组），标牌。

☆ 未注明缝份为 0.7cm
※ 四合扣、按扣、提手带、包盖连接位置，横款和竖款是一样的
※ [ ] 内的数字是小号包的尺寸

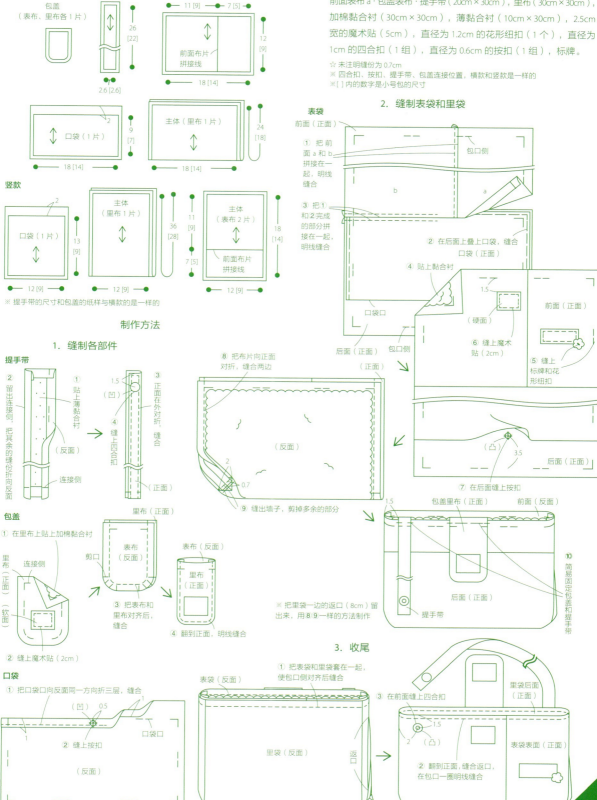

89

卡套

[见原大纸样 A 面]

材料（有窗款） 表布（30cm×25cm），口袋·里布（30cm×30cm），厚黏合衬（25cm×15cm），加棉黏合衬（30cm×15cm），市售的树脂卡套（或 15cm×15cm 的树脂片），1.2cm 宽的细带（5cm），1.2cm 宽的 D 字环（1 个），直径为 0.7cm 的纽扣（2 个），10cm 长的拉链（1 根），龙虾扣提手带，标牌。

制作方法（单位：cm）

☆ 未注明缝份为 0.7cm

1. 缝制口袋

② 把两片布正面相对叠在一起，缝合口袋口

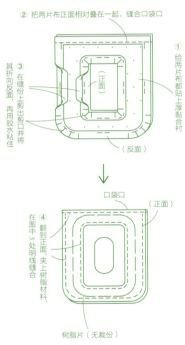

① 给两片布都贴上厚黏合衬

③ 在缝份上剪出剪口并将其折向反面，再用胶水粘住

（反面）

（正面）

口袋口 （正面）

④ 翻到正面，夹上树脂材料，在图中 3 处明线缝合

树脂片（无裁份）

2. 缝制表袋和里袋

表袋

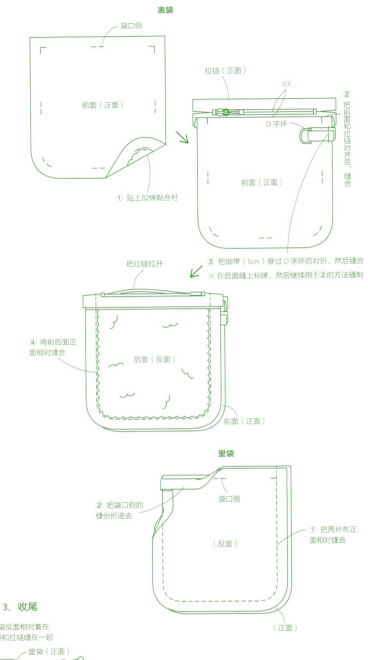

袋口侧

前面（正面）

① 贴上加棉黏合衬

拉链（正面）

0.5

D 字环

② 把前面和拉链对齐后，缝合

前面（正面）

③ 把细带（5cm）穿过 D 字环后对折，然后缝合

※ 在后面缝上标牌，然后继续用①②的方法缝制

把拉链拉开

④ 将前后面正面相对缝合

后面（反面）

前面（正面）

里袋

② 把袋口侧的缝份折进去

袋口侧

（反面）

① 把两片布正面相对缝合

（正面）

3. 收尾

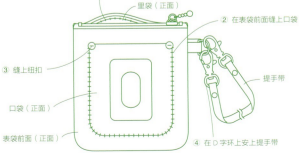

① 把表袋和里袋反面相对套在一起，并把里袋和拉链缝在一起

里袋（正面）

② 在表袋前面缝上口袋

③ 缝上纽扣

口袋（正面）

表袋前面（正面）

提手带

④ 在 D 字环上安上提手带

制作方法（单位：cm）

☆ 未注明缝份为 1cm

※ [ ] 内的尺寸是小号的
（未注明的缝份与大号的相同）

1. 缝制各部件

P.10 **扣环小袋**

[见原大纸样 A 面]

材料（大号） 主体表布·外口袋·襻布（60cm×35cm），主体里布·内口袋（60cm×45cm），盖子（40cm×20cm），薄加棉黏合衬（60cm×25cm），2.5cm 宽的细带（10cm），2.1cm 宽的龙虾扣（1 个），直径为 1.4cm 的磁扣（1 组），标牌。

盖子

连接侧

① 缝上标牌

外面（正面）

② 在一片布上贴上薄加棉黏合衬

外面（正面）

内面（反面）

③ 安上磁扣（凸）

④ 把外面和内面正面相对对齐，留出连接侧，把其余的部分缝合

剪口

⑤ 翻到正面

内口袋

① 向反面折，明线缝合

口袋口

8 [5.5]

（正面）

底侧

（反面）

底侧

36 [26]

13 [10]

② 如图所示折叠布片，把两边缝合

口袋口

（正面）

口袋口

10 [7.5]

（反面）

底侧

④ 在口袋口明线缝合

口袋口

（正面）

③ 翻到正面，把底侧的缝份折进去后缝合

⑤ 在中央位置缝出隔断

外口袋

向反面对折

口袋口

在口袋口明线缝合

（正面）

（反面）

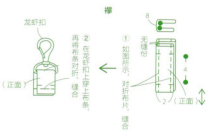

龙虾扣

襻

8

① 无缝份

② 在龙虾扣上穿上布条，再将布条对折，缝合

（正面）

① 如图所示，对折布片，缝合

4

2 （正面）

2. 缝制表袋和里袋

表袋

① 在前面贴上薄加棉黏合衬

袋口侧

前面（反面）

② 安上磁扣（凹）

③ 缝出褶子

④ 在后面贴上薄黏合衬

袋口侧

⑤

前面（反面）

后面（正面）

后面（正面）

外口袋（正面）

⑤ 缝上外口袋和襻

⑥ 把前面和后面对齐后缝合

里袋

袋口侧

后面（正面）

① 在后面缝上内口袋

内口袋（正面）

② 将细带（8cm）对折，简易固定

后面（反面）

前面（正面）

③ 在前面缝出褶子（将褶子压向外侧）

④ 把前面和后面正面相对合在一起，留出返口后缝合

返口

3. 收尾

① 把表袋和里袋套在一起，夹上盖子，在袋口侧缝合

表袋前面（反面）

盖子内面（正面）

里袋后面（反面）

② 翻到正面，把返口缝合

里袋（正面）

盖子外面（正面）

表袋（正面）

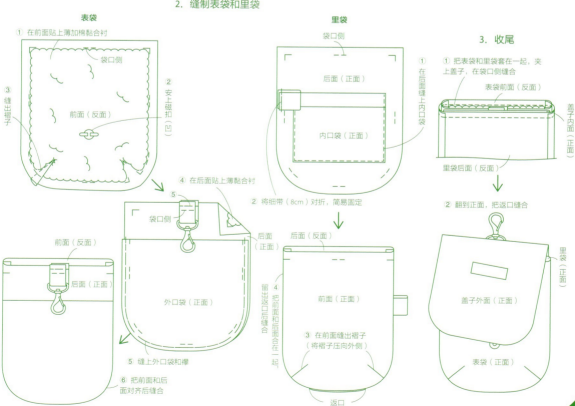

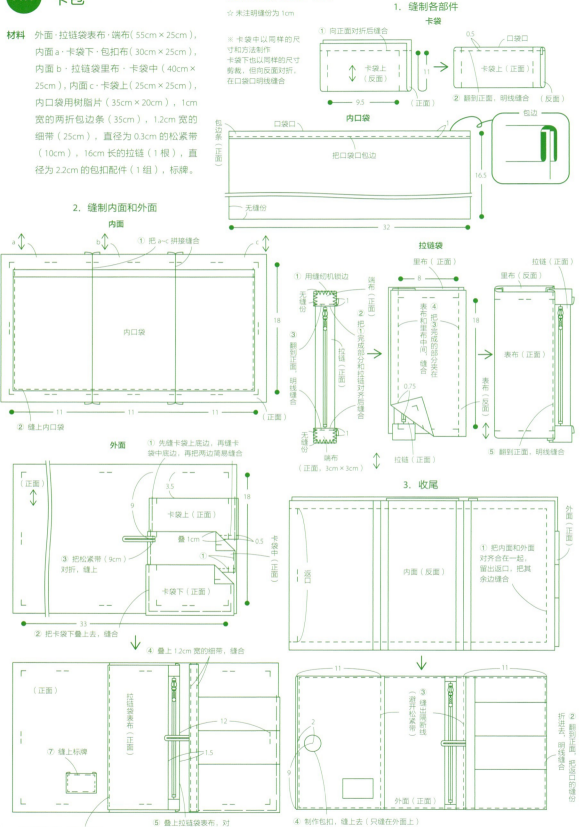

卡包

材料 外面·拉链袋表布·端布（55cm×25cm），内面a·卡袋下·包扣布（30cm×25cm），内面b·拉链袋里布·卡袋中（40cm×25cm），内面c·卡袋上（25cm×25cm），内口袋用树脂片（35cm×20cm），1cm宽的两折包边条（35cm），1.2cm宽的细带（25cm），直径为0.3cm的松紧带（10cm），16cm长的拉链（1根），直径为2.2cm的包扣配件（1组），标牌。

制作方法（单位：cm）

☆ 未注明缝份为1cm

※ 卡袋中以同样的尺寸和方法制作
卡袋下也以同样的尺寸剪裁，但向反面对折，在口袋口明线缝合

1. 缝制各部件

卡袋
① 向正面对折后缝合
卡袋上（反面）
② 翻到正面，明线缝合
卡袋上（正面）（反面）
口袋口
0.5
11
9.5
（正面）

内口袋
包边条（正面）
口袋口
把口袋口包边
16.5
32
无缝份
包边

2. 缝制内面和外面

内面
① 把a~c 拼接缝合
内口袋
② 缝上内口袋
18
11 11 11（正面）

外面
① 先缝卡袋上底边，再缝卡袋中底边，再把两边简易缝合
3.5
9
卡袋上（正面）
叠1cm
③ 把松紧带（9cm）对折，缝上
①
0.5
卡袋中（正面）
卡袋下（正面）
18
33
② 把卡袋下叠上去，缝合

④ 叠上 1.2cm 宽的细带，缝合
（正面）
拉链袋表布（正面）
12
1.5
⑦ 缝上标牌
⑥ 翻到正面，把底侧缝合
⑤ 叠上拉链袋表布，对齐后缝合（避开拉链）

拉链袋
① 用缝纫机锁边
无缝份
端布（正面）
② 把1完成部分和拉链对齐后缝合
③ 翻到正面，明线缝合
拉链（正面）
无缝份
端布（正面，3cm×3cm）
拉链（正面）
里布（正面）
8
④ 表布和里布中间，缝合
0.75
18
里布（反面）
拉链（正面）
表布（正面）
⑤ 把5完成的部分夹在表布（反面）
表布（正面）
⑤ 翻到正面，明线缝合

3. 收尾

① 把内面和外面对齐合在一起，留出返口，把其余边缝合
内面（反面）
返口
外面（正面）

③ 缝出隔断线（避开松紧带）
②
11 11
翻折进去
④ 制作包扣，缝上去（只缝在外面上）
外面（正面）
9
翻到正面，明线缝合，把返口的缝份折进去

制作方法（单位：cm）

☆ 未注明缝份为 1cm

1. 缝制口布

① 把两边分别向反面同一方向折三层，缝合

0.7

0.5

0.5

17

3.5

② 向反面对折，缝合

连接侧 （正面）

●缝 2 个

材料 表布 a（45cm×15cm），表布 b（45cm× 10cm），口布（45cm×10cm），里布 （45cm×25cm），黏合衬（40cm×25cm）， 6cm 宽的蕾丝花边（20cm），直径为 0.4cm 的珠子（14 个），14cm 长的弹片口金。

2. 缝制表袋和里袋

表袋

包口侧

0.7

a

① 在 a 上叠上蕾丝边，简易缝合

蕾丝花边（正面）

（正面）

b

② 把①完成的部分和 b 拼接在一起，明线缝合

③ 贴上黏合衬

（正面）

④ 折出褶子，简易缝合

（正面）

⑤ 把两片布对齐后缝合

（反面）

●缝 2 个

※ 里袋也用④⑤的方法制作（留出返口）

剪口

3. 收尾

口布（正面）

表袋（反面）

口布（正面）

返口

① 夹上口布，把表袋和里袋套在一起，把包口侧缝合

里袋（反面）

④ 在两面安上珠子

③ 在口布中穿上口金

② 翻到正面，缝合返口

在包口处明线缝合

表袋（正面）

制作方法（单位：cm） ☆ 缝份为 0.7cm

1. 缝制表袋和里袋

表袋

① 把两个侧面拼接缝合

② 贴上加棉黏合衬

包口侧

侧面（正面）

侧面（正面）

10.9 [7.2] <13.3>

侧面（正面）

10.9 [7.2] <13.3>

包口侧

12 [8] <15>

③ 在墙子上贴上加棉黏合衬

※ 里袋的侧面是一片布，以表布相同的尺寸裁出，用④的方法缝制（没有黏合衬）

墙子（正面）

侧面（正面）

包口侧

包口侧

侧面（反面）

墙子（反面）

④ 把侧面和墙子缝在一起

剪口

材料（中号） 侧面表布（35cm× 15cm），墙子表布（30cm× 15cm），里布（30cm×25cm）， 加棉黏合衬（30cm×25cm）， 口金（12cm 宽、5cm 高），纸绳。

2. 收尾

① 把表袋和里袋套在一起，留出返口，把包口侧缝合

表袋（反面）

返口（7cm）

里袋（反面）

③ 在口金的沟槽里涂上胶水，把主体和纸绳塞进去

② 翻到正面，把返口缝合

里袋（正面）

表袋（正面）

④ 垫上垫布，用钳子捏紧

垫布

※ 小号包按照 [ ] 内的尺寸剪裁，大号包按 < > 内的尺寸剪裁
※ 小号包使用 8cm 宽、3.5cm 高的口金，大号包使用 15cm 宽、6cm 高的口金

P.13 方糖包

材料 侧面表布（4种，均为10cm×10cm），底部表布（10cm×10cm），里布（20cm×25cm），加棉黏合衬（20cm×25cm），0.7cm宽的蕾丝花边（15cm），10cm长的拉链（1根）。

制作方法（单位：cm）

☆缝份为1cm

2. 缝制里袋

1. 缝制表袋

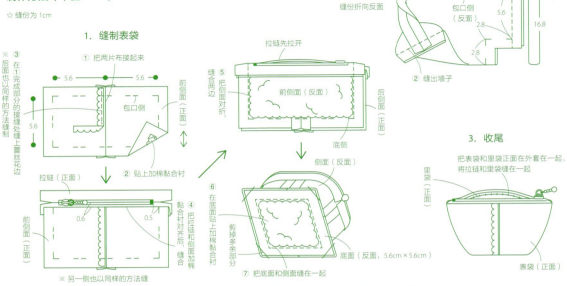

3. 收尾

P.13 拼布水饺包

材料 表布a（10cm×20cm），表布b（10cm×20cm），表布c（10cm×30cm），表布d（10cm×30cm），襻布（15cm×10cm），里布（20cm×30cm），加棉黏合衬（15cm×25cm），11cm长的拉链（1根）。

制作方法（单位：cm）

☆未注明缝份为0.7cm

1. 缝制各部件

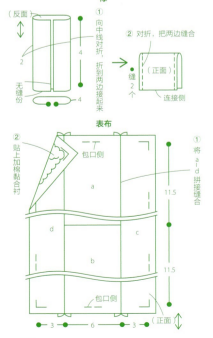

2. 收尾

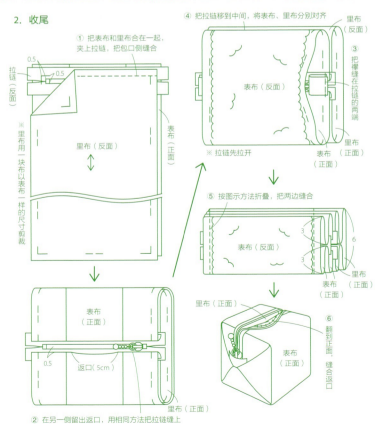

制作方法（单位：cm）

☆ 未注明缝份为 0.7cm

1. 缝制各部件

口袋

把口袋口向反面同一方向折三层，缝合

0.5
1
1.5
口袋口
（反面）

襻

细带（3.7cm）
把细带对折，缝合
0.5

材料（右侧款） 表布（20cm×15cm），口袋（15cm×15cm），里布（20cm×15cm），薄加棉黏合衬（20cm×15cm），1cm 宽的细带（5cm），10cm 长的拉链（1 根），装饰用链子（19cm）。

2. 缝前面和后面

前面

包口侧

① 贴上薄加棉黏合衬

表布（正面）

表布（正面）

② 叠上口袋，缝合

口袋（正面）

③ 缝上襻

襻

表布（正面）

④ 把表布和里布合在一起，留出返口，缝合

表布（正面）

里布（反面）

返口

⑤ 翻到正面，把返口缝合

表布（正面）

※ 后面也用同样的方法缝制（没有口袋和襻）

3. 收尾

半回针缝方法

1 出 2 入
3 出

① 把前面里布和拉链对齐，用半回针缝方法缝合（不要在表布上露出针脚）

0.2
0.7
前面里布（正面）
拉链（反面）

把拉链的一端折起
② 缝合拉链的一侧

拉链（反面）
前面表布（正面）

后面里布（正面）

③ 后面也用相同方法与拉链缝合

④ 把前面表布和后面表布对齐后缝合，一直缝到收针点

把襻折向表布侧

0.5
前面表布（正面）

收针点

后面里布（正面）

拉链呈拉开状态

0.5
收针点

⑤ 翻到正面，穿上装饰用链子

0.5
前面表布（正面）

前面表布（正面）

后面里布（正面）

装饰用链子

WATASHI NO TAME NO POUCH TO CASE

© SHUFU TO SEIKATSU SHA CO., LTD. 2018

Originally published in Japan in 2018 by SHUFU TO SEIKATSU SHA CO., LTD.

Chinese (Simplified Character only) translation rights arranged with

SHUFU TO SEIKATSU SHA CO., LTD. through TOHAN CORPORATION, TOKYO.

特别鸣谢

参与本书中作品制作的 Cotton time 的各位艺术工作者、摄像师、灯光师、造型师、绘图师、插画师

策划·组织	伊藤洋美
图书设计	入江梓（inlet design）
摄 影	林宏 / 冈利惠子（本社照片编辑室）
造型师	石川美和
做法解说	铃木爱子 / 仲条诗步子
校 阅	沧流社
主 编	北川惠子

给该书提供赞助的公司

植村株式会社（INAZUMA）电话 075-415-1001

CLOVER 株式会社电话 06-6978-2277（客户专用）

摄影协助

AWABEES、UTUWA

本书由主妇与生活社授权机械工业出版社在中国大陆地区（不包括香港、澳门特别行政区及台湾地区）出版与发行。未经许可之出口，视为违反著作权法，将受法律之制裁。

北京市版权局著作权合同登记　图字：01-2019-1823 号。

图书在版编目（CIP）数据

花草系手作布包 / 日本主妇与生活社编著；辛熠译. — 北京：机械工业出版社，2022.4（2024.8重印）

（指尖漫舞：日本名师手作之旅）

ISBN 978-7-111-70177-4

Ⅰ.①花… Ⅱ.①日… ②辛… Ⅲ.①布料 – 手工艺品 – 制作 Ⅳ.①TS973.5

中国版本图书馆CIP数据核字（2022）第027095号

机械工业出版社（北京市百万庄大街22号　邮政编码100037）

策划编辑：于翠翠　　　　　　责任编辑：于翠翠

责任校对：王　欣　贾立萍　责任印制：邰　敏

北京瑞禾彩色印刷有限公司印刷

2024年8月第1版第2次印刷

187mm×260mm·6印张·2插页·135千字

标准书号：ISBN 978-7-111-70177-4

定价：49.80元

电话服务　　　　　　　　网络服务

客服电话：010-88361066　机 工 官 网：www.cmpbook.com

　　　　　010-88379833　机 工 官 博：weibo.com/cmp1952

　　　　　010-68326294　金 书 网：www.golden-book.com

封底无防伪标均为盗版　机工教育服务网：www.cmpedu.com